东方
文化符号

苏作家具

濮军一 著

江苏凤凰美术出版社

图书在版编目（CIP）数据

苏作家具 / 濮军一著. -- 南京：江苏凤凰美术出版社，
2025. 2. -- (东方文化符号). -- ISBN 978-7-5741
-1666-5

Ⅰ. TS666.253

中国国家版本馆CIP数据核字第2024AP9880号

责任编辑　李秋瑶
责任校对　唐　凡
责任监印　张宇华
设计指导　曲闵民
责任设计编辑　赵　秘

丛 书 名	东方文化符号
书　　名	苏作家具
著　　者	濮军一
出版发行	江苏凤凰美术出版社（南京市湖南路1号　邮编：210009）
制　　版	南京新华丰制版有限公司
印　　刷	盐城志坤印刷有限公司
开　　本	889 mm×1194 mm　1/32
印　　张	5.625
版　　次	2025年2月第1版
印　　次	2025年2月第1次印刷
标准书号	ISBN 978-7-5741-1666-5
定　　价	88.00元

营销部电话　025-68155675　营销部地址　南京市湖南路1号
江苏凤凰美术出版社图书凡印装错误可向承印厂调换

目录

引　言……………………………………… 001

第一章　追根溯源………………………… 003

第二章　文化传承………………………… 015

第三章　苏作家具的品类和形制………… 023

第四章　苏作家具技艺特色……………… 065

第五章　苏作家具之美…………………… 089

第六章　苏作家具精品欣赏……………… 142

第七章　家具的鉴赏与收藏……………… 172

后　记……………………………………… 176

引 言

明式家具是指细木家具生产中相继形成的一种家具的艺术风格，它采用优质硬木为主要材料，工艺精湛、造型优美、风格独特，富有中国传统文化气韵，享誉全世界。

明式家具一般来说起始于明代的中晚期，明末清初达到了最高峰，雍正、乾隆以后逐渐兴起清式家具，但明式家具仍有制造。江苏省是明式家具制作技艺的发源地，是以苏州为中心的传统手工技艺发达地区。能工巧匠用紫檀木、酸枝木、杞梓木、花梨木等木材制作硬木家具。虽然明式硬木家具在全国很多地方都有生产，但苏州是明式家具的故乡，也是明式家具的最主要产区。因此，人们公认苏作家具（或称苏式家具）是明式家具的正宗，也称它为苏州明式家具。2006年5月20日，明式家具制作技艺经国务院批准被列入第一批国家级非物质文化遗产名录。

苏作家具的文化内涵极其丰富，是中华民族几千年物质文明延续的典范，根据各个时期留下的实物资料，结合历史文献的记载，归纳以下几个主要方面和读者进行分享。

　　追根溯源了解苏作家具的演变和历史发展过程中的面貌；通过苏作家具品类和形制的概述，整体展示苏作家具独特的工艺技能和艺术特色；挖掘苏作家具的材料、结构、工艺、装饰、意境等特性；分析如何从美学的角度欣赏苏作家具；介绍苏作家具的代表作品。在传承、创造、技艺、文化等方面，介绍如何鉴赏苏作家具，为读者拓展认知。

第一章 追根溯源

中国古代，人们"席地而坐"，最早、最原始的家具是坐卧铺垫用的席。席约产生于神农氏时代。考古界在江苏境内发掘出土的最早实物有新石器时代的蒲席、竹席和篾席等，距今已有五六千年的历史。如在苏州吴中区草鞋山遗址的居住区内，就发现了编织成人字纹的芦席、篾席以及原始纺织物的残片。席这种最古老的家具，不仅是古

图1 新石器时代的蒲席、篾席纹残片

人"席地而坐"的生活用品，而且是古代习俗和礼仪规制的直接体现，也是我们民族物质文化的重要组成内容。

江苏地区是我国古代较早的产漆区，漆作工艺比较发达。早在先秦时期漆木家具就被广泛应用，这促使家具品类增多，质量提高。家具也在这一时期的发展中形成以髹漆家具为主流的特色，从史前的彩绘木器，到春秋战国时期的漆木家具，在品种上、纹饰上都出现了新的意匠。

汉代时期，在席地而坐的基础上，开始形成一种坐榻的新习惯，与"席坐"和"坐榻"生活相适应的幕帐、凭几、食案等系列家具日益普及化，实物虽并不多见，但可从汉代的各类画像砖中得到佐证，居室内常常用帷幕、围帐作遮挡以御风寒。除坐榻与帷帐的组合形式外，由于床榻的广泛使用，各式各样的屏风开始替代帷幕、围帐。屏风既能做到布置灵活，使用方便，又能作为室内装饰，美化环境，因此，汉代的屏风成了汉代家具中最有特色的品种之一。

图2　凭几几面　信阳长台关1号墓出土

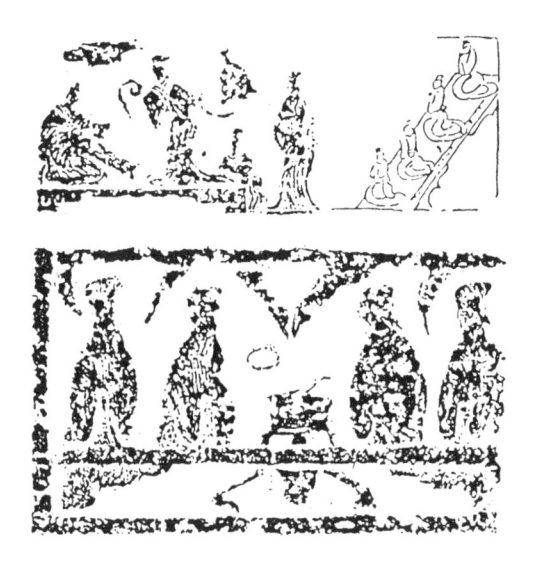

图 3　汉画像砖上的各种连榻

图 4　汉画像砖上的围帐

两汉时期，家具的品类和形式增多，功能得到改善和提高。这一时期的家具虽然依旧形体低矮，结构简单，部件构造较单一，且整体上仍保持前期家具的主要形式和特点，但家具立面的造型变化已越来越丰富多样，榫卯制造渐渐趋向合理，这些，都为增进家具形体高度奠定了良好的基础。

魏晋南北朝时期，传统家具吸收了外来营养，产生了椅子和胡床，使家具种类得到了一次新的发展和提高。虽然中国古代的凳子、椅子的出现比古埃及和古希腊等晚两千多年，但任何民族历史的发展主要取决于民族自身居室生活的演进，为满足新需求而渐渐出现许多新物品，形成许多新的面貌。这一时期家具制造在用材上日趋多样化，除漆木家具以外，竹制家具和藤编家具等也给人们带来了新的审美情趣。

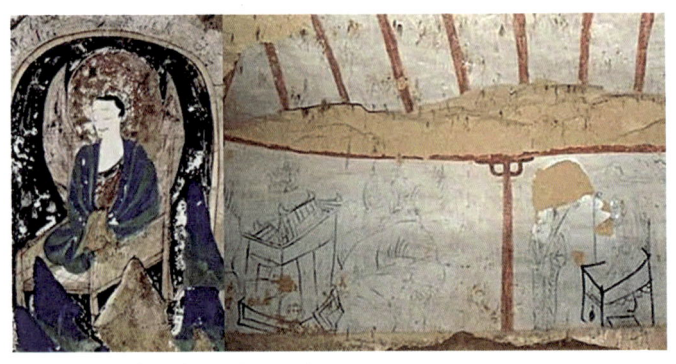

图 5　敦煌莫高窟第 285 窟西魏壁画

繁荣强盛的唐代，是家具又一次高度发展的时期。在手工业极其发达和社会文化氛围高涨的背景下，诗、文、书、画、乐、舞等进入了空前发展的黄金时代。开放包容、追求自由与享受的文化生活环境，也赋予唐代家具丰富的内涵。家具除了随着垂足而坐的生活方式开始出现了各种椅子和高桌外，在装饰工艺上兴起了追求高贵和华丽的风气。

具有时代特征的唐代月牙凳和各种铺设锦垫的坐具，不仅漆饰艳丽，花纹精美，而且装饰有金属环、流苏、排须等小挂件，更显得五光十色，光彩夺目。瑰丽多彩的大漆案以及各种具有强烈髹饰意味的家具，与当时富丽堂皇的室内环境相结合取得了珠联璧合、和谐得体的艺术效果。这种家具的装饰化倾向，在各类高级屏风上显得尤为突出，受到当时许多诗人的歌咏和赞叹。"屏开金孔雀""金鹅屏风蜀山梦""织成步障银屏风，缀珠陷钿贴云母，五金七宝相玲珑"等生动的描绘，为我们展现出了一幅幅金碧辉煌、珠光宝气的屏风景象。这些屏风体现了当时人们的审美理想，说明人们在追求金、银、云母、宝石等天然物质美的同时，还格外热衷于精神文化在家具中的运用。

唐代是高型椅桌的起始时代，椅子和凳开始成为人们垂足而坐的主要坐具。唐代的椅子除扶手椅、圈椅、宝座以外，以不同材质分类还有竹椅、漆木椅、树根椅、什锦椅等。众多的品种、用材、工艺，充满着浓郁的时代气息。

图6 唐《宫乐图》局部

唐代高型的案桌，在敦煌第85窟《厨房图》、唐卢楞伽《六尊者像》中也有具体的形象资料，如粗木方案、有束腰的供桌和书桌等。另外，唐代还出现了花几、脚凳子、长凳等新的品种。当然，唐代在适应"垂足而坐"的高型家具方面仍属初制阶段，形体构造上也依旧处于过渡状态。

经魏晋南北朝和隋唐的长时间过渡，结束了"席坐"和"坐榻"的生活习惯，"垂足而坐"的生活方式在社会生活的各个领域里渐渐地相沿成俗，包括在茶肆、酒楼、

图 5　局部

图 8　唐卢楞伽《六尊者像》局部

店铺等各种活动场所，人们都已普遍使用桌子、椅凳、长案、高几、衣架、橱柜等高型家具，以满足垂足而坐的生活需要。

到了两宋时代，我们从大量的宋代绘画作品、墓室壁画、家具模型以及有关文献资料中不难看到，生活中原先与床榻密切关联的低矮型家具都相应地改变成新的规格和形式。如在宋代画作《半闲秋兴图》中，已把妇女们梳妆使用的镜台放到了桌子上。陆游在《老学庵笔记》中也对这种情景作了记载。宋代家具在形式上几乎具备了明代家具的各种类型，如椅子已有灯挂式椅子、四出头的扶手椅、四不出头的扶手椅、似玫瑰椅的扶手椅、圈背椅、禅椅、轿椅、交椅、躺椅等，五花八门。虽然其工艺做法并未完备，但各种结构部件的组合方法和整体造型的框架式样，在吸收传统大木梁架的基础上业已形成，并且渐渐得到完善。如牙板、角牙、穿梢、矮柱、结子、镰柄棍、霸王档、托泥、圈口、桥梁档、束腰等。从家具形体结构和造型特征上看，宋代已具备制造硬木家具的水平。宋代家具已为中国传统家具黄金时代的到来，打下了坚实的基础。

至明代中期，举国上下出现了繁华的景象，特别是江苏地区活跃的城市经济和星罗棋布的工商业集镇，促使中国的社会形态产生出许多新的活力。尤其是江苏的家具制造业，开始了前所未有的重大变化。一方面，在沿袭历代以来广泛流传的民间漆木家具外，高级的髹漆家具在进一

图9 宋《半闲秋兴图》

步的发展中被推向了历史的顶端，无论是在漆艺上还是产品类别上，都成为了至今难以超越的高峰；另一方面，自明代中期以后，采用优质硬木制造的小木作家具在江南地区快速兴起，使我国古代的家具进入了一个前所未有的式样新颖、构造完美、风格独特的崭新的历史阶段。

从明代嘉靖（1522—1566）年间和万历（1573—1620）年间的文献、绘画、考古出土文物，以及标有确切年代的传世的家具来看，家具的品类就有方桌、长方桌、供桌、画案、书案；书架、香几、搁几、天然几；靠背椅、交椅、圈椅、扶手椅和宝座；鼓墩、杌子、凳子、条凳；

有衣架、脸盆架、巾架、火盆架；屏风、箱、柜、橱、脚踏；榻、架子床、踏步床，品种不下于数十种，生活日用家具几乎一应俱全。家具产品增多，式样丰富，已真正从造物文化的意义上创造了它的黄金时代。

在全国最富庶的以苏州为中心的江南地区，不仅漆作、木作行业格外精湛，而且出现了一批以硬木为主要材料的家具小木作行业。店铺内不仅生产出售各种细木家具，店主还常常应用户的要求，到顾客家中包揽活计，定制加工。清代中晚期，在长期生产实践中形成的，以优质硬木为用材，继承明式家具制作技艺的"苏作家具"，在全国三大流派中，依然是全国家具最重要的来源之一。明清时期，迅速出现了以花梨木、紫檀木、杞梓木、铁力木等优质木材为主要用材的苏作细木作家具，包括采用榉木、楠木等制作的家具，讲究造型古朴，倡导色调高雅，纹样得体，沉稳而不张扬，在当时已成为一种时尚。所制家具常被选作皇室贡品，获得了卓著显赫的成绩。中国的传统家具在这里发展到了历史上的最高水平，并在世界家具史上竖立起了一座高大的丰碑。

图 10　明宣德龙凤纹剔红三屉供案

图 11　黄花梨高背官帽椅

第二章　文化传承

以苏作家具为代表的明式家具的形成，是中国家具史上出现的一次重大革命，不仅改变了我国几千年来传统家具的面貌，而且在功能性的扩展上和工艺的精进中，实现了我们伟大民族生活环境的时代性变革，推动了全社会的文化进步和精神文明的提高。

苏作家具成为文化的这一现象，无论是从家具在社会生活中的物质功能出发，还是从风尚潮流的精神情趣考察，都是几千年来中国家具史上未曾有过的一场变革。究其缘由，首先，经济的繁荣直接推动了苏作家具的兴起和发展。地处长江三角洲的江南，山清水秀、土壤肥沃、气候宜人，是一个具有人文特点的自然区域。语曰："苏常熟，天下足。"江南经济在全国一直占有特别重要的地位。苏作家具的产生，直接赖以这一地区长期繁荣的经济。

迅速发展起来的城镇商业和贸易，加快了江南地区社会财富的聚集，各个阶层的生活水平大大提高，各方面都呈现出一派富饶的景象。苏州、常州、镇江、南京以及现属上海市的松江等城市，构成了一个主体性的江南城镇经济。地处江南腹地的苏州，早已发展成为全国最富庶的地区。明朝大才子唐寅在其《阊门即事》一诗中描绘了来自各地的富商巨贾，操着不同的乡音，通宵达旦地做着巨额交易的情景，不得不说这是当时江南商业繁茂、经济发达的生动写照。在这里，传统经济开始向着近代经济转型，人文主义思想广泛传播，社会观念和思想意识发生着激烈的变化。近代文明很快出现在江南这片土地上，各种文化现象丰富多彩，犹如联动的锁链，互相影响，一起谱写出了气势磅礴的时代乐章。

以苏州为中心的家具生产，在这股强大的时代潮流中，也成为一种代表。我们从当时的绘画作品中也能形象地看到家具的市场情形。如一幅佚名的明朝风俗画《上元灯彩图》，描绘了明朝中晚期南京内桥一带的市肆贸易活动。这是一个货物琳琅满目、人来人往、热闹繁华的古物市场，其中有多种多样的家具，"有架子床、罗汉床、几、案、桌、凳、架、箱、花台、扦屏、鼓墩、根椅、帽椅、圈椅、躺椅等"，有的家具"像是紫檀制作，并镶嵌大理石"。画中的家具交易场面足以证明，随着江南地区经济的高涨，人们对于家具的需求日益扩大。

其次，市民阶层对时尚的追求和观念的转变为苏作家具的发展形成了广泛的社会基础。随着江南商业经济的繁

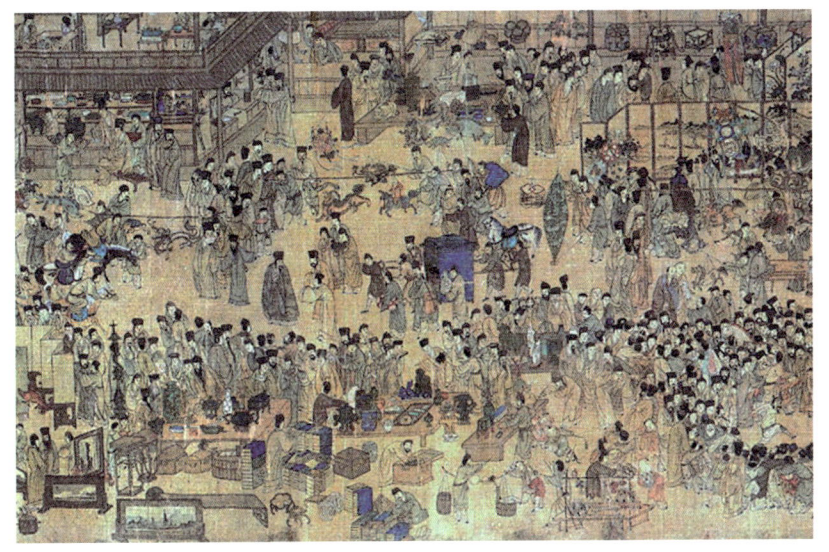

图12 明《上元灯彩图》局部

荣和城镇市场贸易的兴盛，市民阶层迅速壮大起来，人们不断获得各种新思想、新观念。人们在富足之余，开始追求享乐，这很快成为社会的一种风尚。由此，江南地区奢靡之风越来越盛行，人们的衣食住行玩纷纷打破了传统的社会秩序，很快朝着一种开放之势推进。故吴地出现"富贵争胜，贫民尤效"的风气。

从另外一个视角来看，人们对事物不仅限于对纹饰与工艺的要求，对材质和性能的要求更高。因此对日常使用的家具，每每"凡床橱几桌，皆用花梨、瘿木、乌木、相思木与黄杨木，极其贵巧，动费万钱"。追求高级、新异的家具用材，成为了一种奢靡的时尚。江南奢侈风行的民情和文人学士的参与对苏作家具的发展直接起到了推动作用。人们对生活日用器具新的审美需要，已由"银杏金漆"向"皆用细器"发展。明王士性在《广志绎》中亦说："姑苏人聪慧好古，亦善仿古法为之……又如斋头清玩，几案床榻，近皆以紫檀、花梨为尚。尚古朴，不尚雕镂，即物有雕镂，亦皆商、周、秦、汉之式。海内僻远，皆效尤之，此亦嘉、隆、万三朝为盛。"这种追求紫檀、花梨，讲究纹饰和尚古的风尚，不仅成为江南的特色，也是吴地美学情趣的重要特征，是孕育苏作家具风格特点的主要原因之一。

时人尤其是士大夫文人阶层特别青睐这种将花梨木、铁力木、乌木、杞梓木、紫檀木等优质硬木材料制作的高级家具，由此而产生了一种特有的文人气息和艺术风格。这种以高级硬木制作的细木家具，也就是至今受到国内外一致赞赏的"明式家具"。明人张岱在《陶庵梦忆》中记有社会名流与官宦争购收藏一件铁力木天然几的逸事，从中可以感受到明代晚期人们推崇高品位苏作家具的时尚和风气。这类家具在将近两百年的时间里，代表了中国传统家具的最高水平。

再有，宋元以后密集的手工业生产孕育了制造苏作家具的优秀人才。苏州一直是全国手工业最密集的地区。商业经济繁荣，社会财富高度积聚，消费水平极大提高，进一步促进了手工业生产的迅速发展,使吴地的"雕、镂、涂、漆,必殚精巧"。《吴县志》记载:"苏州城中,西较东为喧闹,居民大半工技。"手工业中,除了数以千计的机户以外,各行各业,名目繁多,产品各异,技术精良,全国各大城市无一可以比拟。明代苏州一地,突出的著名手工艺行业有:玉雕、装裱、铜作、窑作、刺绣、织席、藤作、漆作、扇骨、石雕、锡作、银作、首饰、古董、针作、纸作、制笺等,皆名噪一时,为世人所重。

随着手工业的飞速发展,从事手工技术生产的人越来越多。各行业名师辈出,他们代代相继,常有出类拔萃的作品留传下来。精湛卓越的手工技艺在当时的社会经济中处于重要地位,各行各业中的许多杰出人物也受到社会的尊重,民间能工巧匠的社会地位大大提高。百工之中精湛的木作工艺,更是直接推动苏作家具生产发展的基础。同其他家具流派一样,当时,苏州地区在木作业中早已有不同的分工,"大木"是指建筑营造的木匠,以蒯祥为首的香山派最负盛名;"小木"主要做家具器具,后由"小木"之中分离出做精致家具和小件的,又称"巧木作"。

现在苏作家具的制作大多是手工完成的。随着现代科技的发展,出现了许多木工机械。传承苏作家具制作并不代表排斥现代科技,开料、配料、打眼等一些制作过程用机械加工,节省了劳动力,降低了工人的劳动强度,同时也降低了生产成本,更使苏作家具走进寻常人家。但是机械加工只能在苏作家具的前期工艺上使用,并充分利用机械设备提高产品的精度,许多特定工艺,如特殊的榫卯结构,为了保持传统工艺还是一直使用手工来完成。

苏作家具是以苏州为主要产区的传统家具,继承了明代中晚期以来的明式风格,尤其是在传统工艺、装饰手法、形体构造和纹饰内容上,与在苏州地区孕育产生的明式传统保持了一脉相承的关系。以"苏作"家具为代表的我国民族传统家具的重点产区,随着不同时期人文环境的变化和外来文化的影响,在传播过程中也延伸出许多新品种、新特点。传统家具以硬木为用材的趋向进入清代以后,在

图 13 苏作扶手椅

图 14　广作扶手椅

全国各地迅速兴盛起来，加上西方文化的浸蚀，硬木家具在广州地区首先受到明显的影响，并开始出现了许多西方家具的影子，甚至在家具的形制、工艺、装饰手法和花纹图案上，也都明显地产生了不同的变化，形成了不同的特点和差异。人们把这一时期以酸枝木为主要用材，广州区域内生产的家具，称为"广作"家具。而政权的变革、异族统治文化的渗透，使传统家具文化的发展在以北京为中心的社会意识中也产生了新的倾向，出现在北京地区的家具也表现出新的风格和特色，被称作"京作"家具。

直至 20 世纪 70 年代，随着苏作家具外贸出口需要的

图 15　京作扶手椅

上涨，也为了适应市场不断更新的要求，苏州红木雕刻厂创建了第一个专业设计室，开始负责苏作家具新产品的试样和制造，这也是工厂设置的全国首家专门的设计机构。

第三章　苏作家具的品类和形制

苏作家具历史悠久且品类繁多，在全国各区域的家具中最具有典型性，能够比较系统地反映不同风格，而且在品种、类别、规格、形制各方面与其他地区也存在差异。

椅子

"器之坐者有三：曰椅，曰杌，曰凳。"椅，即椅子，在苏作家具中品种最多，一般分为扶手椅、靠背椅两大类。扶手椅是指有靠背和扶手的坐具，其中扶手两端和靠背顶部搭脑两端出头的，一般称作"四出头扶手椅"。北京工匠则叫它"官帽椅"，南方工匠则叫它"四出头扶手椅"。四出头扶手椅在江南许多地区又称"禅椅"。明清江南多寺院，民间富家也常设有佛堂，佛堂内都放有四出头扶手椅，故禅椅之称一直沿用至今。很多椅子的扶手两端和搭脑两端都不出头的，被称为"四不出头扶手椅"。而在北方过去很少见到四不出头的扶手椅，后渐渐多了起来，且

图 16　黄花梨四出头官帽椅　　图 17　四不出头扶手椅

主要产自江浙一带，便又称其为"南官帽椅"。但南方民间一般都不这样称呼，流行称它为"文椅"，据说是因文人喜欢使用这类椅子而得名。

椅子，特别是扶手椅，被视为中国传统家具的精粹，是最富有民族传统形式的家具品种之一。扶手椅不仅种类丰富，形制繁多，而且总是随着扶手和搭脑的差异变化，表现出苏作家具的造型特色和艺术风貌，反映出时代的特性和地域的特征。扶手椅在椅座之下，一般除装饰牙条的变化之外，不管是有束腰还是没有束腰，几乎都始终保持着形体的相对稳定性，只是由于扶手和搭脑在构造及形制上的关系与变化，使扶手椅在产生许多品类和造型时表现出了千姿百态的个性形象。这些可以作为了解和识别苏作家具椅子的一些依据。

其扶手的渊源来自唐宋时代，宋制的扶手椅在扶手下绝大多数没有安置联帮棍，这是苏式椅子中很早就出现的主要形制和式样，且一直延续到清代，这种式样包括四出头扶手椅、文椅或圈椅等，已经成为苏作扶手椅形制的一种基本定式。

在椅子扶手的中间位置加设联帮棍，是为了加强扶手的坚牢和稳定，是讲求实用的一种做法，同时，又不失为一个装饰。联帮棍作曲直、粗细变化，或增加雕刻纹样，来丰富椅子的形态，从而不断地增强苏式扶手椅形体的审美效果。只要结合椅子的搭脑、扶手、鹅脖等部件造型与加工制法等方面进行仔细地考察和比较，同样可以弄清它们是否是苏式类型，制作年代是明还是清，是早还是晚。在不少情况下，这些构件的特征和工艺往往是非常重要的认定传统家具制作时代与地区的信息和依据。苏作家具中还有传统意义上的玫瑰椅、圈椅、太师椅等，都因椅座之上扶手和搭脑的不同而分类。

玫瑰椅，其形制上最鲜明突出之处也是体现在扶手上。它不仅没有立在中间的那根联帮棍，而且采用与扶手和椅面相平行的横档来连接前面的鹅脖和椅子的后足，横档下常嵌有矮柱或结子。玫瑰椅靠背和扶手都同椅面垂直，用

图 18　搭脑 扶手 鹅脖　　图 19　玫瑰椅

材多取平直圆材，尺寸不大，形体精巧，使用轻便，常常会给人以简约雅致的审美情趣，很适宜临窗放置，尤其适合在书斋或庭园的轩馆别院中使用。

在扶手椅中，还有一种扶手与搭脑共同组成圈状的椅子，今人称之为圈椅。这种形制十分独特的椅子，江南地区一直是其主要产地。苏作家具中的圈椅，有的扶手不出头，有的不设联帮棍，与上述各种椅子一样，有着共同的地方特色，其制作年代迟至清代中晚期仍有生产，除装饰有简有繁外，形制上很少变化。

图 20 圈椅

靠背椅，只有靠背而没有扶手的椅子，江南地区一般统称为靠背椅，视其搭脑的不同又有不同名称。搭脑两端出头的，叫"灯挂椅"，因这种椅子的形制类似江南民间油盏灯的竹制架座而得名。搭脑两端不出头的称之为"单靠"或"单背椅"，北方地区叫"一统碑"。靠背椅形制较为简单、普通，江南家家户户都使用。入清以后，新创制出了各种注重陈设功能的屏背椅、插角屏背椅、什锦椅等新品种，成堂成套，在江南地区十分流行。

图 21　靠背椅

图 22　寿字纹独板圈椅

图 23　嵌大理石扶手椅

图 24　四出头扶手椅

图 25　卷书式搭脑扶手椅

图 26　毛杆靠背椅

图 27　竹节纹矮背椅

图 28　笔杆椅

图 29　四面平式屏背椅

图 30　屏背椅

图 31　高扶手南官帽椅　　　　　　图 32　开光背玫瑰椅

图 33　如意云纹搭脑扶手椅

杌凳

杌凳是指没有扶手和靠背的坐具，江南常称为杌子和凳子的是其中两类主要品种。苏作中的杌子，一般都取方料，制成方形，形体方正庄重，四平八稳，百姓家用来招待宾客。富贵人家的大厅堂，杌子可与椅子配套进堂，也是陈设中不可缺少的一种坐具，而且在摆放的位置上也有讲究，这可能是江南的民间风俗和传统习惯。在婚俗嫁妆中，杌子同样是不可缺少的家具，在一份"妆奁簿"中有"椐木藤杌四喜"的记载，就是指四只藤面，用椐木制成的方杌。所谓"四喜"，是讨吉利的口彩。

居家生活中日常使用的凳子，形式多样，除方、圆、六角等外，还有扇面形、梅花形、椭圆形等式，且高矮不等，

图 34　桥梁档裹腿方杌

大小不一，有些小型款式极其精美，很有观赏性。其中，春凳是另一个十分讲究的品种，尺寸大小多样，大的近乎一张狭长的榻，江南夏天炎热，人们常将它放在室外庭园，可供坐卧，是纳凉最方便舒适的家具。长凳即条凳，是比较平常的坐具，江南俗称长板凳，因其坐面往往只用一块长条形厚木板制成。长凳四足的做法，正面侧面皆明显采用收分侧脚，江南俗称"八字脚"式。坐墩，现常指圆形，腹部大，上下小，其造法似旧时鼓形的坐具。有"锦墩""绣墩"或"鼓墩"之类的名称。早期有用藤、竹等材料制造的，因此用木制的时候几乎都采用开光的做法，直接摹拟藤编的形制，具有鲜明的地方色彩。

图35 描金红漆束腰鼓腿梅花凳　　图36 明式八足圆凳

图 37　镶竹面春凳

图 38　裹腿双人凳

图 39　鼓腿带拖梅花凳

图 40 仿竹式直档方杌　　图 41 桥梁档长方杌

图 42 带矮老桥梁档方杌　　图 43 直档方杌

图 44 束腰霸王枨春凳

图 45　束腰三弯腿方机

图 46　紫檀镶石束腰方机

图 47　镶石面方凳

图 48　方脚长凳

桌子

《长物志》记述明代江南地区的桌子有"书桌""壁桌""方桌",这实际上是江南地区根据桌子功能的不同所划分的三个主要种类。

书桌,主要与文人书画或居家生活中书写、读书有关,也就是人们常称的画桌、书案、画案等。在南方,案与桌常常不分,分类一般不是依据形制构造,而是更注意使用的功能要求。文人能画的亦能书法,故画桌就是书桌,书桌也不一定都要抽屉,只是可比画桌狭长些。苏作家具中的书画案桌,无论在规格上还是形制上都有很大的不同,

图49 南京博物馆珍藏的明代万历黄花梨画案

书桌、书橱、琴桌之类家具，由于常与文人朝夕相处，所以格外用心设计，用料讲究，精工细作。

如南京博物院珍藏的明代老花梨木书桌（桌面心板采用铁力木制成），是唯一可知确切年代的传世品。桌面宽143厘米，深75厘米，高82厘米，取常规案或夹头榫造法。此桌原系苏州名药房雷允上家中传物，是雷家后人捐赠给南京博物院的。书桌腿足纯圆，牙条牙头光素平直，没有半点雕琢和纹饰。在一足上部刻篆书铭曰："材美而坚，工朴而妍，假尔为冯（凭），逸我百年。万历乙未元月充庵叟识。"字迹遒劲自然。这是一件地道、精美、完好无损的苏作家具。

壁桌，顾名思义是指经常靠近墙壁、板壁等处使用的桌子。有的采用大理石、祁阳石等材料制作来增强家具的

图50　灵芝纹档板壁桌

观赏效果。这类桌子有各式品种和形制，其中包括今天人们常称的条形案桌、供桌、供案等。在传世的实物中，也常能看到一些优秀作品，造型优美，设计精致，充分体现了苏作家具独特的艺术情趣。

琴桌，是苏作家具中的一种长条形桌子，它并非专门用于弹琴，有平头、翘头、起角凳式样，使用灵活方便，无论在厅堂、斋馆、书房、寝室都可作为陈设，放置于临壁处，一桌或多桌，供花木，陈古器，相当适宜。

方桌，是桌子中应用最广泛的一个品种，根据其规格

图51 束腰剑腿琴桌

的大小、功能的不同而名称各异，方桌是一个统称。常见方桌中，较大的一般称八仙桌。在明代就已有此名称，因每桌边可坐两人，四边八人，故称"八仙"，可供宴客和陈置。厅堂靠墙常放八仙桌，两旁各设一把椅子。大厅正

图 52　圆裹腿方桌

图 53　厅堂陈设

中与八仙桌之间加放一张大型的供桌。如果再在前面摆放两排椅子，大致就形成了江南清代住宅厅堂的陈设格式。

　　苏作家具中的圆桌同样是很有特色的品种，由于其形体结构比较繁复，变化多样，促使了传统工艺水平进一步提高，令人赞叹的设计智慧使圆形的家具形体表现出新颖别致的美学意味。以"两只半做"为形制主要特点，两半圆相合的圆桌，满圆可坐十至十二人不等。一般大圆桌就是主桌席，用料、做工都很讲究，可拼可拆，使用时也可合可散。

图54　鼓形圆桌王墩

图 55　桥梁档小方桌

图 56　鼓腿膨牙半圆桌

图 57　紫檀木四仙桌

图 58　桥梁档壸门方桌

图 59　罗锅枨双矮老长桌

图 60　霸王枨长桌

图 61　壸门鼓腿矮桌

图 62 竹节纹四仙桌　　图 63 束腰长桌

图 64 五开光鼓形圆桌凳

几

几，中国最古老的家具形式之一，有花几、香几、茶几、条几、搁几等，是用来满足当时居室陈设、置物等某些生活内容和环境需要的一类家具。依据它们的名称，我们不难知道其各自的功能、作用以及形制和式样。

花几，使用普遍，形制和式样也相当丰富，它被陈放在厅堂、书斋或寝室中，有的几上摆放盆花、瓶花和盆景，可一物多用。江南遍布园林，室内养花、供花的习惯四季不竭，非常讲究，作为陈设的几架不可能不受重视。花几有高的形制，苏作的一般多方形，规整，很少施加雕刻，

图65 镶大理石面花几

图66 高束腰五足香几

在各地生产的花几中，表现出鲜明的地方特色。高形的花几，江南俗称高花几。

香几，主要因陈置炉鼎、焚香祈神而得名。根据使用需要，可临时摆设室内户外，四面临空而立，或圆或方，修长轻盈。尤其是圆香几，多挺秀委婉，形姿优美，具有较高的品位。

茶几。随着厅堂陈设的需要，与椅子配套的茶几大量被采用，有的四椅二几，有的六椅四几，或陈设明间，或靠两壁摆放，小室也常放两椅一几，供接待来客。

图67　束腰镶大理石茶几

图 68　刀牙板直腿方几

图 69　高束腰鼓腿圆花几

图 70　三弯腿香几

图 71　如意纹收腿式花几

床榻

江南乡间仍有居室活动以床榻为中心的遗风旧俗，特别是家中的女眷们，如小姑、嫂子、娌妯之间，常会引进自己的房里，坐在床沿边或椅凳上，拉杂闲谈，民间称之为"说私房话"。房中以床为中心的家具大多为女方的嫁妆，往往也是女主人娘家地位和财富的象征，用材和做工，款式和装饰风格，都尤为讲究。另外江南地区夏天炎热潮湿，多小虫蚊蝇，睡觉安歇的床都需要悬挂帐子，所以，床都装置床架，统称为架子床。床架主要由床柱、栏杆和床顶构合组成，形制变化大多在柱数和栏的装饰上，所以有四柱式、六柱式、八柱式架子床等区分。四柱式三面安装床栏杆，六柱式在床梃即前沿处加两根门柱，门柱与前柱间再加置栏杆或床窗。八柱床前后都加门柱，前后四根，床前床后形式相同，两面都可上下。架子床的床栏装饰源自建筑装修图案，如曲尺、卍字、四簇云、灯笼锦等，其时代特征非常鲜明。

架子床前的踏步加立柱、栏杆为苏作典型的款式，明人称之为拔步床或踏步床。拔步床踏板上围设的空间，可放置小桌和盥洗等器物用具，以方便日常的起居生活。更讲究的犹如一幢小屋，其造物的意象，在世界家具史上堪称一绝。江南一般富裕人家都置拔步床，形制和构造具有延续性，形式变化不大。

榻，自古以来，不管是设有围板还是不设围板的，江

图 72 拔步床

图73 榻

南地区都称之为"榻";北方则将不设"围子"的叫榻,设"围子"的称"罗汉床"。江南地区每家每户都使用榻。这种可卧可坐、可内可外、可移位搬动、自在方便的家具,是苏作家具中充满着理想化、蕴含着诗意的一个品种。尤其在文人的生活领域里,榻几乎成为一种社交活动和传统文化生活的象征,人们的才思和情怀离不开这种朝夕相处的生活方式。即使是江南平常百姓家,也少不了"纸窗竹榻,颇有幽趣"的生活情调。

图74 三屏式双龙纹榻

图 75 六柱架子床

图 76 隔扇式门罩大床

图 77　双结纹六柱架子床

图 78　裹腿围屏榻

橱柜

苏作家具中橱与柜的区分，主要依据的是高度与宽度的比例。橱一般高度大于宽度，故统称为立橱；柜都低矮，一般宽度大于高度，所以俗称为矮柜。前者如书橱、衣橱、碗橱等，后者有箱柜、老爷柜、画柜、钱柜等。北方则相反，将书橱称为书柜，衣橱称为衣柜，而把各种矮柜都称为橱，如闷户橱、联二橱等。

橱都设有门，无橱门的被称为架，一般只有书橱才取

图 79　榉木方杠大小头柜　　图 80　古董橱

这种形式，所以，书橱、书架是同类而形制不同的家具。有的书架安置有抽屉；有的下半部仍装橱门，书橱之所以各式各样，完全是因为文人为了满足存放书籍、摆放古玩等陈设的需要而不断在翻新创意。如清代出现分格式的立橱，民间称古董橱或什锦橱，到清代中叶以后还加设玻璃门。在苏式书橱中，以有座的小橱最具明式风貌，形体上下收分侧脚明显，均取门轴摇杆式装置。下座旧称"橱奠"，主要目的是使橱身抬高，起防潮的作用。

明代衣橱的形制可参见潘氏墓出土的一对立橱模型。据介绍，"橱内分上下两格，中有隔板一层，两扇橱门之

图81 明代衣橱内分隔形制

间有一隔梁，橱门之内有横隔梁。橱门和隔梁上有铜环，可以上锁。高 23 厘米。"这显然是一具日常使用的苏作衣橱的缩写。"隔梁"即门栓，这种构造与古时立板门的做法是相通的（北方叫闩杆），一直到清末民初还在延续。由于橱门总是由门料上下出头做门轴，根据橱的不同用途，除书橱、衣橱之外，江南地区家家户户都有碗橱。顾名思义，这是指专用于存放碗碟一类饮食器具的立橱，北方俗称为"气死猫"，也颇形象。

柜的品种主要有箱柜和翘头柜等。箱柜可用作叠放箱子，所以形制趋矮形，但又有独立的储藏和陈设功能，一

图 82　双门箱柜

般常装设双门双抽屉。根据其使用功能，可知箱橱大都陈置于内室，也常作为陪嫁物品，故用料讲究，制作精美。柜类家具不管柜面是否用于承置衣箱等物件，一般均造成与桌面一样平整光洁的效果，这是区分苏作矮柜与立橱的又一个重要特征。

翘头柜，在江南民间俗称老爷柜，据说因旧时可用来供奉菩萨或佛像、摆设香案用品而有此名称。"老爷"是吴地称呼菩萨或佛的土话。

图 83 老爷柜

图 84　镶瘿木面书橱

图 85　什锦衣橱

图 86　圆橱

图 87　带栏杆书橱

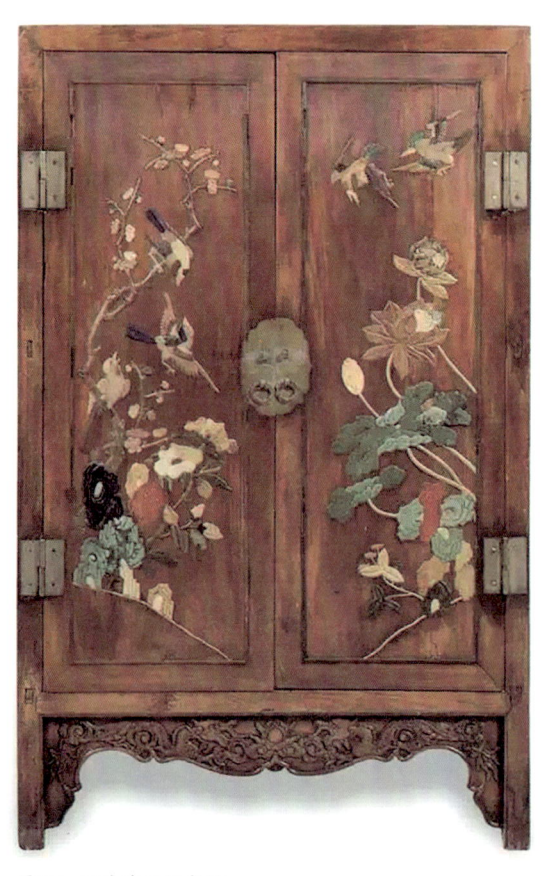

图 88 百宝嵌双门书橱

屏架

起源于几千年前的屏风，是中国古代使用时间最长久且最具民族传统文化特色的家具品种之一。屏风除了用来遮挡以外，其装饰的意义也逐渐变得更重要。明清厅堂之上，几乎都置有一座大型的屏风。屏风的品种有座屏、围屏、台屏和挂屏。苏作中座屏较多见到的是独屏式。三屏式、五屏式的座屏常见于园林庭院、厅堂、家族寺堂、官

图89 座屏　　　图90 圆座屏

署衙门等宏大的建筑场所内，民间使用不多，风格也有差异。现在在江南古典园林中，仍有不少清代中期或晚期的座屏都采用了优质硬木，制作工艺十分考究，雕刻精美，屏心多镶嵌云石或祁阳石，画面呈天然山水景象，与环境吻合协调。

苏作的围屏还始终保持着与书画结合的传统形式，用名家的书法和绘画来提高屏风的品位，书画有纸本或绢本，有条幅或通景。围屏以扇为单位，有高有矮，或四、六扇，或八、十二扇，用铰链相接，其形制往往类似于建筑内装修的隔扇，但每扇均有两足着地。也有仅做板扇的，画面

图91 围屏

作雕刻或镶嵌，工艺更加讲究。

　　台屏是指陈设在案桌上的一种小型屏风，有的作固定座架，有的作插座式，故又称小插屏，屏心也多选用文石，给人以诗情画意的审美感受。这类台屏都被放置在厅堂正中的天然几上，与座钟、供石、瓷瓶等摆件摆设在一起，象征平安吉祥。江南民间还有所谓"一厅三屏"之说，三屏指座屏、台屏和两侧壁面的挂屏。

　　挂屏以宽大为贵，或独幅，或两条成对，或四条成堂，在江南地区较为流行。挂屏的屏心以云石最多，不仅崇尚

图92　台屏　　　　图93　挂屏

画面的水墨情趣，而且追求名人的题咏。后又有镶青花瓷板或五彩瓷板的,有的在屏心镂挖出不同几何图形的开光，嵌进各种瓷片或大理石，别具一格。

图94 百宝镶嵌座屏

图 95　镶嵌台屏

图 96　漆绘地屏

图 97　人物隔景大地屏

图 98　雕字地屏

第四章　苏作家具技艺特色

苏作家具一贯是以手工方式制作的，做工和技艺就显得尤为重要。在继承明清以来优质硬木家具传统技艺的基础上，家具的手工生产方式依然得到了继承和发扬，特别是许多优秀传统产品，做工精益求精，工艺规范合理。随着时代的发展，出现了手工与机械相结合的生产方式，加上市场需求的增加，便不断地产生了许多新的木工加工工艺，产品也增加了许多新的品种和款式，不同时代的功能要求和产品形式已十分明显地发生着变化。

木材干燥工艺

木材干燥和防胀缩的处理工艺在家具制造中往往直接取决于用材的性质。酸枝木、花梨木与紫檀木等在木材质地上尚有一定差别，因此，材料本身的加工处理就成为家具质量的先决条件。不少木材含油脂，用这种木材加工成的家具的部件容易"走性"，家具白坯完工以后，到髹饰

图 99　家具部件白坯

上漆，都会因家具的干湿程度的不同而受到收缩或膨胀的影响，甚至产生严重的损坏。

　　民间匠师在长期的生产实践中摸索出了许多处理木材的方法，积累了不少行之有效的经验。传统做法上，江苏地区木作坊一般先将原木沉入水质清澈的河里或水池中，经过数月甚至更长时间的浸泡，使木材里面的油脂渐渐渗透出来，然后将浸泡过的原木拉上岸，待稍干后按要求锯成各种规格的用料与板材，再存到阴凉通风的地方，任其慢慢地自然干燥，到那时，再用它们作为配料来制作家具。

这种硬木用材干燥的传统处理方法，所需时间较多，周期较长，有的甚至会用上几年的时间，现代生产已很少采用。但经过如此干燥后的木材，"伏性"强，很少再有"反性"现象。传世的许多家具，有的已历时二三百年，除特殊原因外，较少有出现隙缝和走样的。用作镶平面的板材，不仅需经一两年的自然干燥，而且还需注意木材纹理丝缕的选择。

民国以后，有些家具的面板开始采用"水沟槽"的做法，即在面板入槽的四周与边抹相拼接处留出一圈凹槽，可避免面板因胀缩而发生破裂或开榫的现象。这种手法一直到现在还在沿用，显然在工艺和原理上这与传统木工艺中起堆肚的做法有些类似，要比镶平面容易。其只需将面心板四周减薄后装入边框内，槽口仅留 0.5 厘米左右。

创样设计

苏作家具在制造每件家具时，总要先配料画线。画线是根据"料单"的规格要求，将每种部件在配好的木料、板材上用线画出图形来，叫"画样"。以前没有设计图纸，式样都是师徒相传，一代一代口授身教，每种产品的用料和尺寸、工时与工价，均需十分熟悉并牢牢记住。家具的新款式，主要依靠匠师中的"创样"高手（江南民间称他们叫"打样师傅"）定规格、尺寸，"出样板"来制造。在长期实践中，凭借丰富的经验，他们常常能举一反三，进行设计创新。

图 100　配料画线

    大户人家常邀请能工巧匠到家中来"做活"，少则数月，长则几年。工匠们根据用户的要求从开料做起，一直到整堂成套家具完工。因此，民间又有所谓"三分匠，七分主"的说法，意思是指工匠的打样或设计，往往需要依照主人的需要和喜好来进行，有时，主人甚至直接参与进来，一起完成。所以，流传至今的苏作家具传统式样，不少都是在传统的基础上集体创作完成的。

木作加工工艺

苏作家具木工加工手艺发展到红木制造的年代，已达到登峰造极的地步。行业中流传的所谓"木不离分"的规矩，就是指木工技艺水平的高低，常常只在分毫之间。无论是用料的粗细、尺度，线脚的方圆、曲直，还是榫卯的厚薄、松紧，兜料的裁割、拼缝，都是直接显示木工手艺高低的关键，也是影响家具质量至关重要的因素。因此，木工工艺要求做到料份和线脚均"一丝不差"，"进一线"或"出一线"都会造成视觉上的差异，兜接和榫卯要做到"一拍即合"，稍有歪斜或出入，就会对家具的质量产生影响。

如此严格的要求在至今仍在苏作圈内流传着的"掉五门"故事中即可看出。据说过去有位木工匠师，手艺特别出众。一次，他被一家庭院的主人请去造一堂五具的梅花形凳和桌。匠师根据设计要求制成后，为了说明自己的手艺高超，让主人满意放心，便在地上撒了一把石灰，然后将梅花凳放在上面，压出五个凳足的足印来。接着，按五个足印的位置，一个个对着调换凳足。经过四次转动，每次五个凳足都恰好落在原先印出的灰迹中，无分毫偏差，主人看后赞不绝口。

苏作家具的制造参照了建筑大木作梁架结构的方式，形成了家具自身独立的框架构造方式，使木作工艺更精致地塑造了形体形象，既大大地丰富了家具结构部件的造型

图 101　五足梅花形凳

图 102　传统建筑大木梁结构

功能，又通过装饰部件表现各种式样的变化，增强了艺术效果。

如苏作式样典型的"拔步床"，就是一种极其"建筑化"的形体。这种由几十个甚至成百上千个部件组搭构合形成的实体，依靠匠师精心的设计和建构，以框架的方式，构造成为一种理想化的完美空间。在宽敞和高大的室内空间中，给人们设置了一个安闲精致而又有梦幻色彩的"小

图103　拔步床

天地"，在这犹似一幢"小型建筑物"的艺术品中，许许多多断面细小、形状修长的长柱短干，在架体中显得非常简洁明快，更富有审美的条理性，床架的实体形象轮廓清晰，质体坚牢，表现出功能性与审美理念的完美统一。

苏作家具的各类产品都在架体结构中运用基本相同的手法和原理，建构起了各种各样的造型和形式。它们运用精巧的细木加工工艺，赋予每个部件所需要的尺寸、规格、大小、形状以及它们在形体中连接的关系，成为直接表现家具造型形象的特殊艺术语言。

如各种椅子的靠背，之所以常常运用三段式的靠背落塘镶板、开光等木工工艺手法，不仅仅是取材用料的需要，实际上也是传统建筑中装修小木作工艺的衍化，即使是独板式的靠背，有的也常施加雕刻或镂挖。无论是家具的部件或各种部件之间的组合方式，都会使人感受到与中国传统建筑的木作工艺有着不可分割的联系。

苏作家具的木工手艺十分强调方和圆的关系，方则方，圆则圆，方中有圆，圆中带方，这不仅是一种对工匠手力的操作运行的要求，更需要有眼力和心力。家具中许多部件加工水平的高低，就在这种方与圆的轮廓、方与圆的线形变化，以及局部与整体形式的关系之中。这种关系的把握，更多地取决于手工工艺的运用和发挥，只有恰到好处，才能情趣盎然，让人百看不厌。这里没有机械的程式和固定的计算方法，完全凭借制作中长期积累的经验、技能和

图104 三段式靠背

丰富的阅历，是传统木工工艺在家具艺术中的升华。

苏州地区从事家具木雕行业的匠师雕刻手法与建筑木雕又有不同，不论是线雕、浮雕、透雕、悬雕，都讲究细观近看，因此在刀工与磨工上都有独到之处，耐人寻味。许多采用雕刻工艺的花板、翘头、结子在家具中均能获得画龙点睛的效果。

苏作家具常用榫卯进行部件与部件之间的连接，形成各自的造型，这样的榫卯可分为几十种，归纳起来大致有

图 105　浮雕

以下这些：格角榫、出榫（通榫、透榫）、长短榫、来去榫、抱肩榫、套榫、扎榫、勾挂榫、穿带榫、托角榫、燕尾榫、走马榫、粽角榫、夹头榫、插肩榫、楔钉榫、裁榫、银锭榫、边搭榫等。通过合理选择，运用各种榫卯，可以将家具的各种部件作平板拼合、板材拼合、横竖材接合、直材接合、弧形材接合、交叉接合等。根据不同的部位和不同的功能要求，做法各有不同，但变化之中又有规律可循，不同地区常有一些不同的方法和巧妙之处，科学合理的榫卯构造是形成苏作家具结构体系的精粹。

图 106　榫卯结构

  精巧的榫卯，在工艺上除槽口榫使用专门的刨子以外，其他均使用凿和锯来加工。凿子根据榫眼的宽狭有几种规格，可供选用。榫卯一般不求光洁，只需平整，榫与卯做到不紧不松。松与紧的关键在于恰到好处的长度。中国传统硬木家具运用榫卯工艺的成就，就是以榫卯替代铁钉和胶合。比起铁钉和胶合来，前者更加坚实牢固，同时又可根据需要调换部件，既可拆卸，又可装配，尤其是将木材的截面都利用榫卯的接合而不外露，保持了材质纹理的协调统一和整齐完美。所以，清料加工的家具才能达到出类拔萃的水平。

  对于苏作家具木工手艺水平的鉴别，各地都有丰富的经验，看、听、摸就是经常采用的方法。看，是看家具的选料是否能做到木色、纹理一致，看结构榫缝是否紧密，从外表到内堂是否同样认真，线脚是否清晰、流畅，形体是否规整，平面是否有水波纹等；听，是用手指敲打各个部位的木板装配，根据发出的声响可以判断其接合的虚实度；摸，是触摸实体各个部位是否顺滑、光洁、手感是否舒适。苏作家具历来注重这种称为"白坯"的木工手艺的加工质量，一件优秀出众的苏作家具，往往不上漆，不打磨，就已达到相当完美、无懈可击的程度。

漆作工艺

明莹光洁的苏作家具在南方都要做揩漆，不上蜡，这样除木工需要好手外，漆工同样需要有好的手艺。漆工加工的工序和方法虽各地有差异，但制作的基本要求大致相同。揩漆是一种传统手工艺，采用生漆为主要原料。生漆又称大漆，生漆的质量与生漆的产地、采集过程都有直接关系。加工是关键性的第一道工艺，故揩漆首先要懂漆。生漆来货都是毛货，它必须通过试小样挑选、合理配方、细致加工过滤后，经晒、露、烘、焙等过程，方成合格的用漆。有许多制漆方法秘不外传，常有专业漆作的掌漆师傅配制成品出售，供漆家具的工匠们选购。

揩漆，据明代黄成编撰的《髹饰录》中记载："黄明单漆，即黄底单漆也。透明鲜黄，光滑为良。"其所表现出的明净光滑的工艺效果，使硬木家具保持了木材的天然纹理和色泽，使时兴的细木家具表现出独特的时代风格。这种漆工艺的应用，还可以成为我们认定以苏州为中心制造的苏作硬木家具的一个重要佐证。

传统的揩漆工艺的制作过程，一般先从打底开始，也称"做底子"。打底的第一步又叫"打漆胚"，然后用砂纸磨掉棱角。过去没有砂纸时，传统的做法是用面砖进行水磨。第二步是刮面漆，嵌平洼缝，刮直丝缕。第三步是磨砂皮。磨完底子后便进入第二道工序。这一工序先从着色开始，因家具各部件木色常常不能完全一致，需要用着色的方法加工处理。另外根据用户的喜好，可以在明度上或色相上稍加变化，表现出家具的不同色泽效果。接着

图 107　揩漆工艺

就可做第一次揩漆，然后复面漆，再溜砂皮。同样根据需要还可着第二次色，或者直接揩第二次漆。再接下去，就进入推砂叶的工序。砂叶是一种砂树叶子，反面毛糙，用水浸湿以后用来打磨家具的表面，能使之既光且润滑。传统中还有先用水砖打磨的，现早已不用，改用细号砂纸。最后，再连续揩漆三次，叫作"上光"。上光后的家具一般明莹光亮，滋润平滑，具有耐人寻味的质感，手感也格外舒适柔顺。在这过程中，家具要多次送入荫房，在一定的湿度和温度下漆膜才能干透，从而具有良好的光泽。

装饰工艺

灵活多样的装饰手法是为了使家具增加美感，满足实用的同时也迎合人们爱美的心理和精神诉求。苏作家具在装饰上，几乎集历代家具装饰方法之大成，而且形成了区域特色。一方面，从只求单纯，不加华饰的清料加工中追求家具的材料美；另一方面，以精雕细刻、镶嵌以及各种装饰工艺的综合运用，表现出许许多多艺术效果，体现出苏作家具应有的艺术美。

崇尚材美的装饰。选用好料清料加工，通过精心设计制作，充分呈现出用材的优良属性，使人们能更好地获得材质美的艺术感受。这种装饰意匠，使人并不感到是一种装饰，但确实有着十分重要的装饰意义。这类家具做工特别出色，尤其是案桌的面板、橱门板、椅子的靠背板，用料之精巧和考究，令人爱不释手。这是明式家具优秀装饰传统在苏作家具上的继承和发扬。

线脚和兜接是苏作家具结合木工工艺的具体装饰的另一手法。线脚，是家具部件断面所呈现的方、圆、凹、凸不同形状在部件表面产生的各种线形，如家具面框侧边的冰盘沿，柱脚与牙板边沿的线脚，束腰、叠刹造成的线脚等。这些线脚在加强家具形体造型表现力的同时，又是最特殊的装饰语言。苏作家具的线脚除常见于明式家具的竹爿浑、大倒棱、阳线、弄堂线（凹线）、捏角线、洼线、皮带线、瓜棱线、芝麻梗、文武线等之外，还有创新的活线、碗口线、鲫鱼背线等，这些线脚十分精致，与家具厚重的形体形成对比，突出了线形美的装饰性。

图 108　线脚

兜接，北方称"攒接"。所谓兜接，就是运用榫卯将特定设计制作的短料横竖斜直地拼接兜合成各种装饰性构件，有的组合成冰纹格，有的连接成十字连方、回纹、汉纹等不同的几何形纹样。这种手法运用的部位十分普遍，如椅子的扶手、床的门罩、榻的栏杆、搁几的立墙，以及案桌牙子、踏脚的花板等。连续图案镂空花片组成的装饰构件，做到别出心裁，才能更胜一筹。

图 109　攒接

苏作家具运用多种雕刻方法雕刻出精美的木雕装饰，常见的有线雕、阴刻、浮雕、平地实雕、透雕、半镂半雕和圆雕等。

图 110　线雕

　　线雕，一般是指在平面上用 V 形的三角刀起阴线的一种装饰方法。雕成的花纹图案或画面犹如勾勒白描，优美生动的线条宛如游丝，刻划自如，生趣盎然。家具上运用铲底形式表现出阳线花纹图案的也称线雕，工艺手法应归入平底实雕类。

　　浮雕，顾名思义是指花纹高出底面的雕刻形式。根据花纹的高低程度，有浅浮雕和深浮雕等区别，又有见底和不见底等不同。见底的还有平底与锦底之分。平底的浮雕一般又被称为实底雕，浮雕花纹四周的平底是铲挖出来的，经铲挖后要用刮刀刮平，锦底则需要在平底上阴刻。平底

图 111　浮雕

或锦底浮雕大多不深，系浅浮雕。有时平底浮雕仅薄薄的一层，不见刀痕，平帖圆润，与深浮雕之起伏犀利形成鲜明对照，在雕刻艺术上呈现出两种不同的格调。

透雕，就是将底子镂空而不留底的雕法，可以用来表现雕刻物整体的两面形象；但家具透雕有些并不需要两面都看到，因此也有一面雕刻一面平素不雕的。镂空的方法一般并不采用凿空，而是运用传统线弓，即手拉钢丝锯拉空后再施加雕刻。还有两面都作雕镂的称"双面雕"，苏作称为"半镂半雕"的透雕，就是有的地方用线弓拉空，有的地方用凿子剔空。这种雕法，剔挖枝梗，错落灵活，贯穿前后，表现力最为丰富。有的正、背两面并不一样，

图 112　透雕

一面叶在梗下，一面梗在叶下。花纹周围空间不论是拉空还是剔空的，都要处处出刀。透雕刻划细致，富有玲珑剔透的艺术效果。

　　圆雕，是立体的雕刻形式，以四面浑然一体的手法表现雕刻的内容，家具的柱料、横料端头、腿足、柱头等，都可使用这种形式。圆雕的优秀作品宛如一件完整的艺术品。采用哪一种雕刻形式，需根据家具部件和整体设计要求，只要应用得当，雕刻技艺高明，各种雕刻形式都可以起到画龙点睛的作用。还有以几种方法相结合的形式，也常能产生独特的装饰效果。

图 113　圆雕

　　苏作家具的镶嵌装饰也颇具特色，有嵌木、嵌瓷、嵌石、嵌骨、嵌螺钿等，它们运用各种材料不同的色泽、质地和纹理，在与木的材质和色泽的对比中获得别开生面的装饰效果。

　　直接将骨、螺钿等嵌入红木表面的方法俗称"硬嵌"，其工艺与漆器镶嵌有所不同。以牛骨平嵌为例："首先是根据设计图稿用薄纸复画，把复画下来的样稿按骨材的大小及图案可拼接处剪成若干小块贴到骨片上并锯成花纹，在待嵌的底坯上相继进行排花、胶花、拔线（按骨片花纹在坯上划线）、凿槽，接着在锯成骨片花纹底面及木板的

图 114　镶嵌工艺

起槽缝内涂鱼胶，把骨片纹样敲进槽内胶合，然后还有刨平、线雕、髹漆、刻花等工序。"

　　螺钿镶嵌大多为硬螺钿，螺蚌切片有薄有厚，挖陷深度也不一样。用来作镶嵌的螺片有的闪烁彩色，嵌成的图案花纹随照射光线角度不同，色彩也会变换。不少精心设计制作的嵌螺钿红木家具，色调富丽堂皇，装饰情趣别具一格。嵌螺钿一般不用动物胶，而用生漆腻子，即在生漆中加入少许填充粘合剂，干后极其牢固。

以石板作镶嵌也是苏作家具屡见不鲜的一种装饰。实用的案桌面心、机凳面心、椅子靠背等有用石板的，装饰观赏的挂屏、台屏更有镶石面的。用于家具镶嵌的石材一般称为"云石"，其产地在云南，其中以点苍山的质地最优。据史料记载，早在唐代，云石就已被开发利用，当时称作"础石"，又称"点苍石"，至明代称为"大理石"。许多名贵的品种，石色白的如玉，黑的如墨，石质细腻润滑，石纹天然成画。用作家具装饰的云石，都需经过开面。所谓"开面"，是用蟋蟀瓦盆的碎片浸水，慢慢碾磨石面，使之花纹逐渐清晰明朗。除云石以外，还有广石、湖石、川石等，大多以产地来命名，有些石面虽花纹流动，风卷云驰，但石质生硬，画面一览无余，缺少若隐若现的无穷意境，故品位不高。苏作家具以云石作为装饰，由来已久，它与文人爱石、崇石、玩石的习气有着密切的渊源。

与嵌石较相似的是嵌瓷。制瓷本身就是一种工艺美术，高级的瓷器也是高贵的艺术品，因此，家具以嵌瓷作装饰，其目的也是为了提升家具的品位。用作镶嵌的瓷板总是有优有劣，故与之相配置的家具，格调和情趣也大相径庭。

嵌木最常使用的是瘿木，用来做桌面心、凳面心、靠背板、橱门板。瘿木不仅有细密旋转的花纹，富有装饰性，

图 115　镶石

而且不易开裂、胀缩，故大多用来制成板材，镶嵌在明显的部位。常见红木家具嵌木的木材还有黄杨，如角牙、结子和束腰上的嵌条，以及镶嵌浮雕花纹等。黄杨木色浅，呈橙黄色，与红木色泽对比鲜明。

苏作家具的镶嵌装饰还有综合运用各种珍贵材料，如珍珠、玉石、象牙、珊瑚、玳瑁等作"百宝嵌"的，有以金属，如白银、黄铜等作花纹镶嵌的，都能使家具显得更加豪华贵重，不同凡响。

图 116　瘿木镶嵌

第五章 苏作家具之美

苏作家具之所以成为明式家具的典型，主要是因为苏作家具的风格特色反映了我们民族文化的一种文化精神和审美情操，蕴含着一种高智慧的文人意匠和高品位的文人气息。文化与思想常常包含着对物质生活的种种追求。人们对物质产品的兴趣和爱好，同样反映着人的意识和感情。中国的文人从来都没有放弃过这一方面的"传承"和"创新"，他们在物质与精神的"人文"桥梁中，发挥着承上启下的作用。明清时期的苏作家具，就是这种文化的载体，它们取得的巨大成就，是蕴含在物质中精神方面的升华，也是古人给我们留下的最珍贵的遗产和财富。

材料美

对天然物材的认识和利用常常是人类文明程度的重要标志。最初苏作家具在用材上广泛采用江南本地盛产的榉木，在民间大量生产榉木家具的基础上，不断提高木质家

图117　榉木

具的设计水平和工艺水平。在长期的生产实践中，渐渐地改变了几千年来中国习惯于生产和使用漆饰家具的传统观念，苏作家具表现出与过去和其他地区家具不同的面貌。从此，江南榉木家具在人们的居室生活中占有了一定的地位，促使明清家具的发展进入了新的历史阶段。榉木家具成了开创中国古代硬木家具生产的先锋，并获得了重要的地位。

　　用榉木制造的家具十分坚实牢固，并且一直把榉木作为制造优质家具的良材，满足了人们实用美观的要求。其中，浙东地区以木纹疏朗清晰的黄榉为特色；苏南一带则以颜色红橙、纹理构造重叠细密的红榉为特色。由于榉木家具在民间被看成是高档家具，故江南人种植榉树百年来未有间断，材源十分丰富。按照乡间巧俗，女儿出嫁或建造新屋，总会倒下几棵榉树来，打家具制嫁妆，或为新屋添置新家具。在一份解放前居住在苏州城里拥有租田约 1500 亩的中等地主家庭嫁女的妆奁目录中，除漆器和红木家具外，还有许多采用榉木制造的家具，如榉木箱、榉木橱、榉木文椅、榉木衣架、榉木藤杌、榉木盥台和各种榉木全座。一直到 20 世纪 50 年代，在江南地区仍然有这种遗风。

只是到了今天，随着农村生活的现代化，榉树已十分少见，榉木家具也不再时兴。在明清两代的苏作家具中，榉木家具生产时间最长久、产品丰富多样。因此有人将榉木家具看成是江南的一种特产。苏作家具之所以成为明式家具的典型和代表，首先是由于民间榉木家具的大量生产，奠定了深厚的基础。这也形成了苏作家具与其他地域家具截然不同的区别和特色。

在苏作家具的用材中，与榉木情况比较相似的还有杞梓木。这种被人们认为奇缺的材料，纹理漂亮独特。20 世纪 80 年代初，江浙等地杞梓木家具同样屡见不鲜，许多传世的明清杞梓木家具绝大部分也都是当地生产的。从发现的数量和家具品种可以断定，这种木材在苏作家具中

图 118　杞梓木

同样具有特殊的意义。在江苏常熟有四棵红豆树,其中一棵树龄已有400多年,树径77厘米,树高达12米,是珍贵稀有树种。此树不仅受到国家保护,而且因为秦淮八艳之一柳如是的爱情故事而名扬天下。"红豆生南国,春来发几枝。愿君多采撷,此物最相思。"文人墨客的吟诵抒怀,使它更加令人向往,受人珍爱。大概也是因为江南地区的这种文化氛围和人情世态,才更多地出现了杞梓木家具。

海上贸易活动使产于南海地区的贵重硬木源源不断地输入江南地区。从此，在以榉木为材料生产苏作家具的江南地区，越来越多地选用更加贵重的优质硬木为原料，如来自海外的花梨木、紫檀木、乌木等，以及来自其他地区的各种优质木材，如铁力木、楠木、黄杨木等，都成了当时苏作家具主要采用的木料。正是因为这些优质硬木大量被采用，才进一步推动了苏作家具制作技艺的迅速发展和提高。其中，受到时人喜爱的有花梨木，因其色泽纹理与榉木比较接近，应用最多，许多较早的明式花梨木家具都出自苏作工匠之手。

江南地区的室内装修"多用淡褐色或木纹本色，衬以白墙与水磨砖所制灰色门框窗框"，组成比较素净的色

图 119　楠木　　　　图 120　乌木

图 121　杞梓木

图 122　紫檀

图 123　榉木方桌

图 124　铁力木

图 125　黄花梨

图 126　黄阳木

彩。苏作家具的天然木质和云石色彩，不仅丰富了家具明暗的层次变化，与建筑环境也十分协调。与云石一样，苏作家具运用不同木材的纹理色泽，通过相互衬托、补充，获得了另一种特殊的色彩效果。像"以川柏为心，以乌木镶之"的凳子，传世实物中采用花梨木做边材和腿料，用铁力木做心板的画案，或采用更深的褐色瘿木为桌面等，都在木材自身的色彩对比中给今人以怡静、素朴的艺术感染力。尤其是苏作椅子的靠背，常常采用三段式做法：中段镶平或落塘的木板，均分别嵌入深色的文木；或选用云石，运用其斑斓的木材纹理效果；或锼孔开光，虚实相映，给人一种特别的韵味。一直到清代中晚期，苏式家具大量地应用瘿木做板材，使家具的色调在统一中发生了变化，取得了令人赞叹的效果。

古人将多种纹理自然、结构匀称、质地坚硬的优质木材通称为"文木"，是古人着眼于审美而作的艺术概括，留给人们的是观赏的创造性和想象力。在古人的心目中，花梨木或杞梓木之类的"文木"已是一种物质的精神转化，是人们审美心理的升华，文木的使用和观赏代表着当时的一种文化现象。

在苏作家具用材的"文木"中，与花梨木一样，还有珍贵的紫檀木，尽管紫檀木主要为皇室所享用，在富饶发达的江南地区，官宦豪富之家也都有紫檀器。从文献记载中可以知道，明代人更多地用它来制造各种精美的小件，

图 127　苏州园林

图 128　不同木材纹理拼镶

如几座、盆匣、屏架等，品种有香盘、墨匣、笔筒之类多至几十种。由于价格昂贵，良材难求，苏作紫檀木家具的数量非常有限。如有所获，必求良工精细制作，也就格外出类拔萃。这也是所谓苏作家具用材格外珍惜的原因，有人称之为"紫檀工"。到清代中期以后，苏作家具在紫檀木日益短缺的情况下，工艺上更表现出种种创造性。当时除皇宫有紫檀木制造的家具外，全国各地几乎都未再有紫檀木制造的家具。

图129 紫檀工

红木，是清代以来采用最广泛的优质硬木，也是苏作家具最丰富的用材和原料。但是，红木究竟有些什么树种，至今没有人能说得清楚，也不能对红木的认识提出明确界限。我们不难看到，在全国各个地区的任何一个历史时期，都没有像苏作家具这样重视家具用材的开发和使用，达到了物尽其用、物尽其美的程度。苏作家具在木材的选用上，始终能捷足先登，走在前列，随着时代的变化，保持自己的优势和特色，这实在是难能可贵的。

图130　榉木软屉短脚灯挂椅　　图131　苏式圈椅

图 132　清代苏式榉木五屏榻

图 133　苏作立橱

图 134　嵌黄杨木结子方机

意境美

作为物质产品所体现出的精神文化内涵，在苏作家具上展现得淋漓尽致。首先是从物体的造型中传达出一种优秀的传统思想和审美观念。遵循"丹漆不文，白玉不雕，宝珠不饰，何也？质有余者，不受饰也"至质至美的艺术传统，明和清初的苏作家具继承和发扬了这一传统。其造型淳朴清雅、气韵生动、不重雕饰，强调天然材质的审美格调，和中国的宋瓷一样，同样表现出了民族物质文化中"芙蓉出水""妙造自然"之美的典型。这种旨趣或审美

图135　宋瓷

意趣正是江南文人长期津津乐道的"以醇古风流"为根本目的的追求。

我们可从文献中看到,江南文人的尚古风气常常集中地表现在日常生活中。他们提倡的生活情趣是"云林清秘,高梧古石中,仅一几一榻……故韵士所居,入门便有一种高雅绝俗之趣"。在江南文人的眼里,生活的格调和方式,包括陈设布置、家具器物,一切皆是主人爱好、品性和审美意识的体现。因此,对陪伴自己日常起居生活的家具,必求简约、古朴,表现出种种脱俗超然之不凡,甚至一几一榻都要尽量合乎他们生活的最高理想。

尤其经过明朝几代文人的格外讲究,苏作家具在传统文化的浸润中获得了这种人格心灵的物化。从明人高濂的《遵生八笺》到文震亨的《长物志》,再有清人李渔的《闲情偶寄》,我们可以看到他们都着意传统化的江南人生观,寻求现实生活物质文化的精神开拓。从古人的文字中,我们看到的是文人学士们一贯主张的所谓传统"定式",从几榻到案桌、从椅凳到橱柜,均青睐"古雅""大雅""奇古"的格调。今天,从几百年前流传下来的一几一榻之中我们看到了这种"古人制几榻"的规矩,即苏作家具崇尚简朴无华、精雅而富有意蕴的造型美和浓郁的文人气息。苏作家具中的圈椅、文椅、玫瑰椅、书桌、画桌、书橱、画柜、花几、香几等,都已成了苏式风格最具典型性的形象,它们是中华民族传统文化中不可多得的艺术瑰宝。

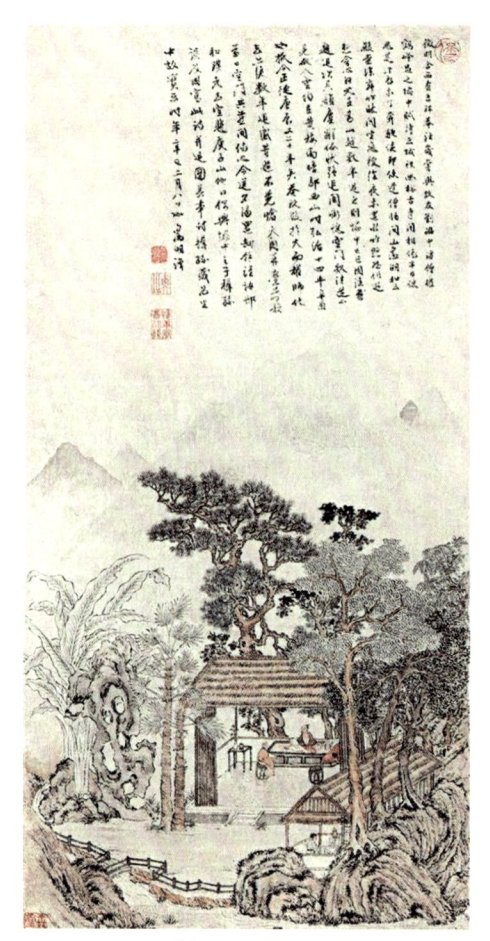

图 136　文徵明《吉祥庵图》

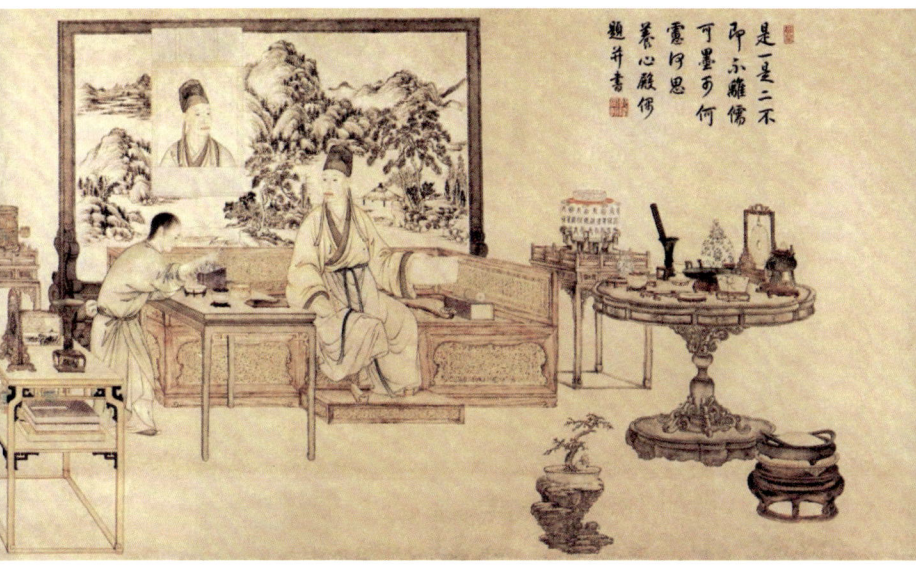

图137　清《弘历是一是二图轴》

明代著名书画家周公瑕，在他使用的一把紫檀木扶手椅的靠背上刻下了一首五言绝句"无事此静坐，一日似两日。若活七十年，便是百四十。"这使我们真实地看到了江南文人在日常实用家具中倾注的精神期待。文人生活充满闲情逸致，使他们深居养静、不浮躁、无火气。因此，苏作家具的风格必然符合他们的情理和恰性，造型的"方正古朴""古雅精丽"便成了一种独特形式。苏作家具不仅通过精致、匀称、大方、舒展的实物形体展现出造型艺术的魅力，而且在传达一种合乎自然的适度和谐中，给人

图 138　周公瑕坐具南官帽椅　　图 139　周天球书倚板镌

们一种超然沁心、古朴雅致的审美享受。由此，从美学的意义上讲，苏作家具造型之美的丰富底蕴是他们对历史传统审美的总结，是对优秀民族文化的弘扬。

　　经过江南文人的悉心经营，苏作家具的品位和格调表现出种种特殊的情怀和意境。这种情与境的结合，最为突出地表现为木石文化情结。苏作家具运用的优质硬木和花纹丽石，皆冠以一个"文"字，即称之为"文木""文石"，使它们各自不同的天然纹理和各具特色的材质，都在这文

图 140　文木、文石场景

人的意匠中获得一种时代的情结。大概自宋代出现石屏，到了明代，以云南大理点苍山为代表的云石镶嵌家具成了苏作家具别具一格的特色。云石石质细腻，色泽柔丽，纹理变幻的自然景象似花草禽兽，更似自然山水，在似与不似之间，赋予人们无限丰富的艺术联想。尤其在江南文人画兴盛的年代里，它已成为文人雅士理想中的一种艺术。苏作家具的云石镶嵌很快地在文人创意中成为抒发胸怀的物象。

由天然景象导入的诗情画意，更能生发出无限的思绪。

文人富想象，重哲理，面对自然造物，时时步入诗情画意之中，使自然物质得到了精神的升华。这种文人的情怀意境，是诗、是画，也是一木、一石，是文化，是人智识悟在物质形态中的结晶和历程。我们无论从明清的绘画作品还是家具遗物中，都能观察到苏作家具自明至清时的这一特色。一些较晚的家具作品，也由于运用这一装饰意匠而获得了令人感叹的效果。这一特色更是表现在江南私家园林中，苏作家具与江南古典园林共同建构了中国文人士大夫的人间天堂。

图 141 绞藤式绣墩与圆桌陈设

图 142 客厅陈设

图 143 屏背椅陈设

图 144　榻的陈设

图 145　厅堂陈设

形制美

江南自古多才子,文学家、诗人、书家、画家、戏曲家、收藏家、思想家,他们在不同的精神文化领域里各有建树,但都同时以一种文人特有的灵性,关注着与自己日常生活息息相关的"于身为长物"的家具制造。他们的有关著述或言论,有的虽是片言只语,但在许多方面都说得非常细致,对照传世实物,几百年前文人的生活情感、思维方法和美学尺度,让今人可感可悟,深受启迪。

如明人在颂扬优质木材的同时,注重的仍是家具的造型和实用功能的审时合度。即使是"最贵重"的椅子在"照古式为之"时,也"宜矮不宜高,宜阔不宜狭",认

图146 笔梗椅

为这样才能脱俗而雅；若制榻，即使是"花楠、紫檀、乌木、花梨"等高级用材，皆不能全"照旧式制成"。由此可知，江南文人的造物匠心是极其精深而科学的，在美好的自然物质材料面前，首先坚持服从于功能的准则，这恰恰是人类对于自然物质最重要的态度。江南文人对传统髹饰家具出现了新的取舍，尤其是对许多描饰和彩绘开始嫌弃。大文学家袁宏道说："室中天然几一，藤床一。几宜阔厚，宜细滑。凡本地边栏漆桌、描金螺钿床，及彩花瓶架之类，皆置不用。"这说明苏作家具在大量采用优质木材

图147　罗锅枨双矮老方凳　　　　　　　图148　明式书架

图 149　翘头天然几

的过程中，既朝着一种新颖和时兴的趋向发展，同时，始终没有离开家具功能去寻求其他更合理的要求。当我们细细地品味古时文人对日用家具的苛求，诸如"凳亦用狭边镶者为雅""藏书橱须可容万卷，愈阔愈古，惟深仅可容一册""即阔至丈余，门必用二扇，不可用四及六。小橱以有座者为雅""（书桌）中心取阔大，四周镶边，阔仅半寸许，足稍矮而细""（天然几）以文木如花梨、铁梨、香楠等木为之，第以阔大为贵""飞角处不可太尖，须平圆"等记述时，不由得赞叹他们的谨严勤笃精神。凡此种种，有用材、有工艺、有形制、有款式，从一分至半寸的用料尺度，由一门到一足的部件式样或构造，他们无不以精到周详的美学标准去衡量。

清代的苏作家具中，文人转向到纹饰传统中寻求寓意和补偿。于是在清代苏作家具的装饰上，表现出了一种新的时代风貌。一方面，家具更多地增加实用功能，认为"造橱立柜，无他智巧，总以多容善纳为贵"；另一方面，更加提倡设计精进，纹饰美观，所谓"如瓮可为牖也，取瓮之碎裂者联之，使大小相错，则同一瓮也，而有哥窑冰裂之纹矣；柴可为扉也，取柴之入画者为之，使疏密中窾，则同一扉也，而有农户儒门之别矣"。精到周详的文人造

图150 冰裂纹双门橱

物美学尺度、艺术与科学的结合，表现出种种新的审美形式，这正是文人们在新的历史环境下赋予家具的一种新的审美理念。

同样来源于江南乡土文化的文人在思想、品性和精神领域中的种种观念形态，正是因为江南水乡清新绮丽的自然环境、淡泊淳朴的习俗民风，使得他们趋向生活的积极开拓，讲求"致用"，注重事物内在的素质，而无一丝一毫的矫揉造作。江南多竹，竹材资源极其丰富，形成了江南手工艺的一种特产，且人才辈出，技艺精湛。"吴江竹椅，专诸禅椅"，被载入史册。也有"维扬之木器，姑苏竹器，可谓甲于古今，冠于天下"的说法。因此，在苏作家具的形成和发展过程中，竹家具的造型对苏作家具的式样、制造工艺、装饰方法等各方面，都产生了直接和间接的影响。其中，不少拙朴清新、生机盎然的仿竹制家具，形象亲和疏朗，使人能感受到江南生活的丰盈和淡雅。竹子历来深受士大夫的青睐，他们将它作为文人气节、性格和品行的象征，并以"华封三祝"来表达对生活的愿望；而在民间，则更多地用来反映吉祥如意等生活的情趣和愿望，如"竹报平安""节节高"等。苏作家具中，有许多采用圆材为主要部件的产品，很多皆采用裹腿做法，民间俗称"包脚"。一般都将横档两端包裹腿足后作交接围裹，形成圈形，这就是仿效竹家具的制造工艺而逐渐形成的一种造型式样。这类家具形体很少有侧脚收分，架体显得特

图 151　仿竹节方桌

图 152　裹腿（包脚）

别洗练、挺拔，线条以直线为主，很少弯曲，且圆顺而不露棱角，显得十分得体和素雅。

仔细推敲一下，苏作家具的许多装饰部件和装饰方法均来自竹器，如双圈套环式结子、桥梁档、风车纹棂格，与竹器中的做法和形式如出一辙。还有些家具品种，几乎成为苏作家具造型式样的标志，如梳背椅、笔梗椅、六方椅等，都是在吸收江南民间竹家具制作工艺的基础上出现的极具地方性特色的家具，这些式样，在其他文化区域是很少见到的。

图153 双圈套环式结子

图 154　竹节纹矮背椅

图 155　近地管脚档长书案

图 156　翼龙纹半圆桌

图 157　三屏风式插角屏背椅　　图 158　四合如意纹西式腿方茶几

结构美

在木工手艺中,许多工艺和结构的加工均需匠心独运,尤其是各种各样的榫卯工艺,既要做到构造合理,又要做到熟能生巧,灵活运用。例如,苏作家具中常常利用榫卯的构造来增强薄板或一些构件的应变能力,以避开横向丝缕易断裂、易豁开等缺点。对于一些家具的镂空插角,匠师们巧妙地吸收了45°攒边接合的方法,将两块薄板分别起槽口,出榫舌后拼合起来,既避免了采用一块薄板时插角因镂空而容易折断的危险,又提供了插角两直角边都

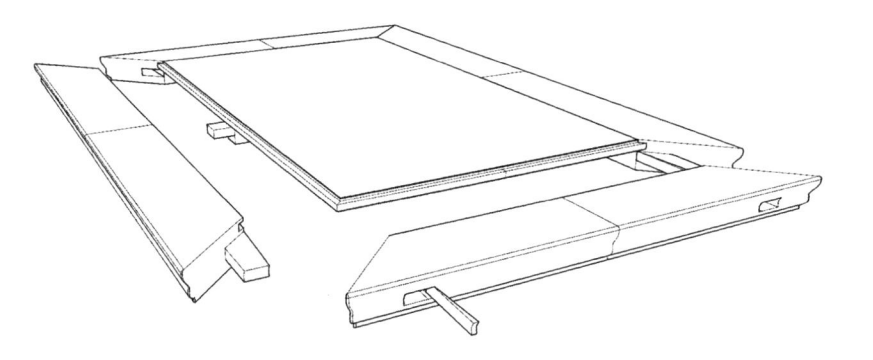

图 159 攒边接合

可挖制榫眼的条件，只要插入桩头，就能很好地与横竖材相接拼合。

由于清式造型与明式造型的差异，家具形体的构造往往出现各种变化，因此，在苏作家具的制造工艺上形成了许多新的方法，像太师椅等有束腰的扶手椅逐渐增多，一木连做的椅腿和坐盘的接合工艺已显得格外复杂，工艺要求也更高。这类椅子的成型做法，需要按部就班，一丝不苟，大致可分四个步骤：第一步是前后脚与牙条、束腰的连接部分分别组合成两侧框架，但牙条两端起扎榫、束腰为落槽部分，以便接合后加强牢度；第二步是将椅盘后框料同牙条和束腰，与椅盘前牙条和束腰同步接合到两侧腿部，合拢构成一个框体；第三步是将椅盘前框料与椅面板、托档连接接合，再与椅盘后框料入榫落槽，摆在前脚

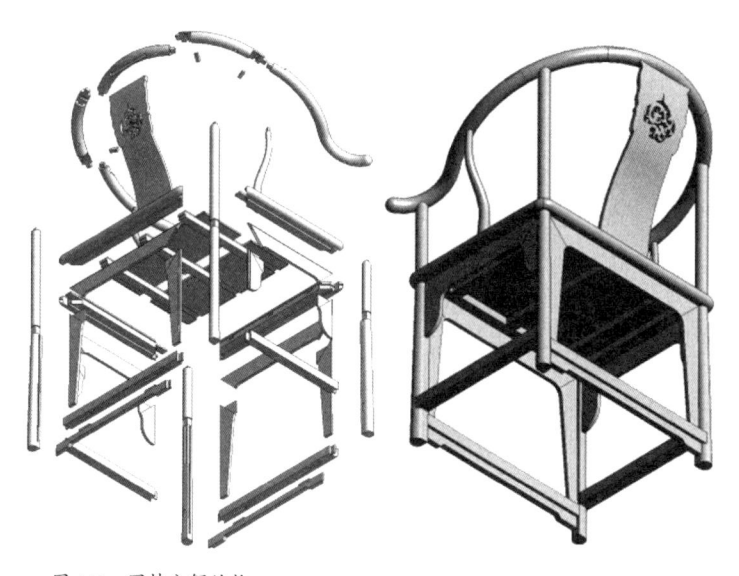

图 160　圈椅分解结构

与牙条上，对入桩头拍平，然后面框的左右框料从两侧与前后框料入榫合拢。前框料为半榫，后框档做出榫；第四步是安装背板、搭脑和两侧扶手。这大概是苏作家具中木工工艺最繁复的部分。

　　榫卯的制作最重要的特点是工艺合理精巧。中国传统家具通过几千年的发展，自明代以后，能如此将硬木家具的材料、制造、装饰融于一体，这种驾驭物质的能力，不能不说是对全人类物质文明的巨大贡献。苏作家具的榫卯结构，几乎集中国古代榫卯之大成。它们根据家具不同的部位，结合不同的部件，构造出各式各样合理规范的接合

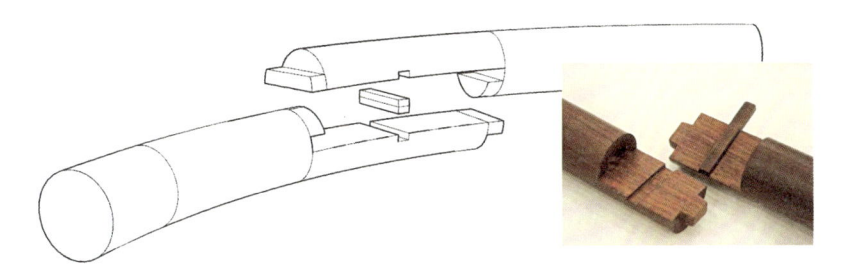

图 161　锁钉结构

方式。无论是薄似纸板的木片，还是粗有半尺之余的腿料，经过工匠的精心设计和制作，都能产出完美而坚牢的构合效果。苏作家具不用一根铁钉加固，已成为世界家具史上最受尊崇的工艺发明之一。这里需要说明的是，苏作家具中常在一些主要结构件的接合处，采用钻空后穿插竹钉的做法，匠师称它为"锁钉"，是为了防止年长日久出现脱榫。这与使用铁钉将家具两部分构合起来的性质是完全不同的。

榫卯的构造各式各样，有明榫（出榫）、暗榫（半榫）、长短榫、夹头榫、插肩榫、粽角榫、格角榫、格肩榫、套榫、燕尾榫、穿带榫、双夹榫、楔钉榫等。对各种不同的榫卯构造较早进行发掘、总结的是杨耀先生绘制的二十三种榫卯构造示意图，不仅图案精美，而且比例正确，具有很高的科学价值。当然，还有一些榫卯构造尚未被发现和认识，需要我们不断地去发掘、整理。

图 162　杨耀《明式家具研究》

案形脚足与面框的结合，一般以为仅有夹头榫和插肩榫两种构造。其实，还有一种突出且较为原始的平肩榫。在苏作家具中，这种结构是十分普遍的，它最大的好处是牙板与牙头能组成一个完整的平面，中间不受立柱腿足

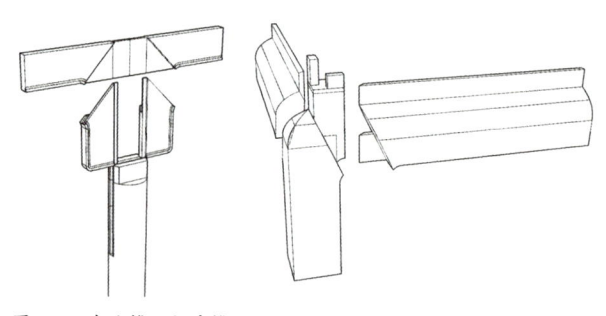

图 163　夹头榫、插肩榫

图164 平肩榫

的影响，无论是线脚加工或施以雕刻、镶嵌都比较方便，还可以设计出十分完美的花纹图案。有些牙头外形变化为如意头之类的，民间俗称"元宝肩"。可见，对明清家具榫卯构造的认识，应该着眼于它的使用合理性和外形变化的创造性，从实用与审美的不同功能意义中寻求它的本质内容。

我们不能说经百年孕育产生发展的各种工艺手法都是完美的，但它们确实都是匠师们长期实践创造的结果，蕴含着他们的聪明才智，即使是一个细小的形体结构方式，也常常事出有因。

另外一个比较重要的工艺结构，就是明代有束腰的椅子。椅子座面与椅子后足的接合榫卯，不仅复杂，而且相当巧妙。对于这一结构，我们可以将宋代椅子中较为原始的做法与明清时期的工艺做法加以考察，前者还仅仅停留在结构功能的过程阶段，只有到了明清大量生产有束腰的椅子，它才日臻完善。明代有束腰的扶手椅，已是椅子中的一个重要品种。今天我们能看到的明代与清初的有束腰的扶手椅不在少数，不仅仅只有那件"紫檀有束腰带托泥圈椅"了。随着时代的发展，入清以后，这种形制的椅子更成为一个主要品种，从这种工艺制作中，我

图 165 卷书式搭脑有束腰扶手椅

图 166　四合如意纹收腿式方茶几　图 167　紫檀木瓷面圆凳

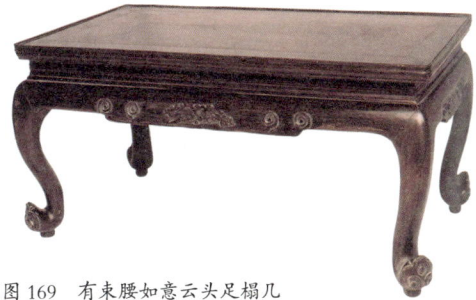

图 168　桥梁式攉脚档榻几

图 169　有束腰如意云头足榻几

们可以看到中国传统椅子在世界家具史上独树一帜的显赫地位。现在许多国家和地区的人对中国传统椅子的手工艺制作表示赞美，其中有不少对设计周详，富有高度科学价值的榫卯工艺有浓厚兴趣。

线之美

苏作家具在利用优质硬木材质特性体现装饰意匠的同时，努力继承发扬民族装饰艺术的优秀传统，在不同的历史阶段，都能创造性地遵循"丹青无定法，象外运神机"的法则，充分展现家具形象的装饰美。苏作家具在装饰风格上，始终与其物质功能和精神功能保持高度的统一，同时又与强烈的民族形式和鲜明的时代精神保持一致。苏作家具突出的装饰风格主要体现在通过实体造型而展现的线形装饰上。

以线造型是苏作家具的特殊艺术语言，手工业时代的产品都会留下许多手工技艺特有的文化遗迹，这些遗迹及特征往往是手工业产品不

图170　苏作家具线性装饰

同于现代工业产品的标记、符号。这种标记、符号常常使人们产生许多特殊的美感和审美趣味。这就是手工艺时代在传统家具方面给予我们的一份永恒的财富和遗产。这里我们举一方桌为例。一条起有双洼线的桥梁档,中间起脊线,在与中央云头如意结子和两侧各立两短柱的交接中,充分地展示了手工艺的形式特征:短柱与桥梁档的脊线作倒T形相接,云头如意在与桥梁档的接合中,脊线稍稍起了变化,以"人"字形与如意的涡线相呼应,不仅突出了如意形图案的形象效果,更增添了线脚丰富精致的表现力。民间匠师利用这种特有的工艺手法所传达的文化信息是极其典型和突出的。这张方桌在四足的内边还挖出一条洼线,与桥梁档在接合中取得了手法上的一致性,使形体在统一

图171　方桌　　　　　图172　如意牙头

的线形中能上下左右四方协调。桌面的交角处则采取了皮带线形的如意纹头装饰。这种扁平的线脚与桌面面框底边线脚的制作，都需要以传统木作手工艺为基础，才能得心应手。在这里，刨、凿、铲、刻、刮等工艺手法常需综合起来运用，才能干净利落地反映出精致的设计和高超的技艺水平。

图 173　皮带线和如意牙头纹

精湛的木作技艺还充分地体现在类似上述实例的线脚上：一种北方称为"交圈"、江南匠师称作"接线"的手法，就是普遍而又最能表达手工文化的标记。经过精心设计而富有造型功能的各种线脚，往往在"接"的过程中，体现出家具造型的艺术水平，使人们感受到形神兼备的审美情趣。

江南匠师评述家具造型的品格时，常常以线脚作为实体形象的"经络"，以交接的效果比喻为"气脉"。一件优秀的家具，正是通过手工工艺的梳理和加工，使这些"经络"和"气脉"融会贯通，赋予了家具一种特有的神韵。

苏作家具，给人感受最强烈的常常是形体造型的线

图174　接线工艺

条美。在家具中，线成为一种艺术语言，这是我们民族艺术悠久的传统。线被生动地表现在各种不同的艺术门类中，如民族绘画、雕塑、书法。苏作家具自选用优质硬木为材料以后，家具形体的线条之美发展到了登峰造极的地步，一直延续到18世纪初期。苏作家具的线形感几乎体现了明式家具的最高成就，也是其艺术风格最引人注目之处。如马蹄形的脚式、S形靠背、插角牙板装饰、椅子的搭脑、扶手和联帮棍等，均反映了民族造型艺术特有的雄厚气派。许多线形与家具造型一脉贯通、自然流畅、协调统一、优

图 175　苏作家具各部件形体造型

美动人，体现了苏作家具特定的时代风貌和极高的艺术水平。

　　在运用线形装饰中，线脚的时代特征十分鲜明。苏作家具早期的线脚比较单纯、清晰、饱满、浑朴，如线香线、竹爿浑、捏角线、洼线等，在家具形体上都能产生醒目的装饰效果。相比之下，苏作家具晚期的线脚较复杂、多变化，如鲫鱼背线、碗口线等，多是入清后逐渐形成的样式。清代中期后，线形的功能在苏作家具中开始削弱，不少家具部位的线形与家具形体缺乏整体感，仅仅流于一种单纯的形式。受宫廷和外国家具的影响，开始较多地注重家具体、面的造型效果，有些线形虽复杂且富有变化，但已失去了它原来的造型意义，苏作家具也出现了形体厚重、繁重的倾向。

图176　长凳

图 177　四出头官帽椅　　　　图 178　禹门洞圆花几

图 179　禅椅

图 180　圆腿长案

装饰美

装饰纹样的悠久传统和吉祥寓意在明清两代苏作家具的装饰风格上可以说是绮丽绚烂、五彩缤纷。装饰纹样的题材内容极其广泛，不同式样的表现形式更是各异其趣。无论是雕刻、镶嵌、金属饰件，装饰纹样都得到了充分的表现。

苏作家具的装饰，无论是雕刻还是镶嵌，都离不开运用各种图案，这些图案花纹按表现种类可分为单独纹样、边缘纹样、角隅纹样、适合纹样、连续纹样等。在设计制作中，都必须遵循木雕和镶嵌各自不同的材质特性和工艺特点，以求尽善尽美。如一椅背中央雕刻的凤凰牡丹纹样：石纹、细长的花茎和直立的凤足，都保持与木材丝

图 181　苏作家具的装饰纹样

图 182　木雕装饰

缕自然一致，在适合于一个圆形的构图中，牡丹、凤凰、湖石的组合既平衡又有变化，成为一幅别具艺术特色的木雕装饰画。在镶嵌中，人物、山水、树木常常不按自然比例，采用夸张的手法，先勾勒出形象的外部轮廓，再根据形体结构稍加刻划、点缀，故而显得简练而有古趣。

在所有品类和形式的家具中，不同部位或各种部件虽然形状不同，大小不一，纹样各异，但都能随形状大小的变化表现出不同的个性特征。如结子，北方称为"卡子花"，是红木家具中的装饰性部件，除起支撑作用以外，更富有

图183 结子样式

装饰美。通过精心地设计和运用各种表现手法，常常能起到以少胜多、画龙点睛的作用。又如琴桌脚头上的雕刻点缀图案，一朵小小的灵芝云纹，上下左右变化之多样，同样使人们感到美不胜收。

苏作家具的许多装饰部件，还形成了不少有规律的程式化的图案形式，体现了家具装饰图案设计的高超的水平，如有些家具两立柱之间的牙板图案，同一内容却可看到许多种不同的变化，构图大多对称而舒展，具有独特的装饰美。

苏作家具的装饰纹样与我国其他工艺美术品的装饰纹样是一脉相承的，与各类传统装饰纹样也是相辅相成的。如青铜器纹样、玉器纹样、陶瓷纹样、漆器纹样、织物纹样、建筑纹样等，都会被用来作为家具装饰图案的借鉴，只是因材料不同，匠师们在表现中同样会做到"因材施艺"，在这一方面表现出他们的聪明才智。

随着时代的发展，在吸收外来形式的同时，还表现出新的题材和内容。若将这些汇集起来，加以整理，则是一份十分宝贵的艺术财富。在苏作家具上见到的纹样，几乎应有尽有。龙纹有草龙、夔龙、螭虎龙、双龙戏珠、团龙、云龙、龙凤呈祥等。凤纹有丹凤朝阳、夔凤、鸾凤和鸣、凤首、凤戏牡丹等。还有许多是明清以来的吉祥图案和寓意纹样，如三阳开泰、马上封侯、麒麟送子、太师少师、狮子嬉球、双鱼吉庆、鲤鱼跳龙门、喜上眉梢、喜鹊登梅、仙鹤长寿、杏林春燕、鹿鹤同春、金鱼戏莲、三星高照（福禄寿三星）、刘海戏蟾、八仙同庆（汉钟离、吕洞宾、铁拐李、曹国舅、张果老、蓝采和、韩湘子、何仙姑），还有岁寒三友（梅、松、竹）、玉堂富贵、竹报平安（竹子、炮仗、花瓶）、灵芝、五岳真形、八宝（轮螺伞盖花罐鱼长）、暗八仙（花篮、竹箫、葫芦、扇子、玉板、荷花、渔鼓、宝剑）、连升三级（三戟）、榴开百子、子孙万代、四合如意、海水江崖、吉祥文字、婴戏图、牡丹、花中四君子（梅、菊、竹、兰）、莲、荷、椿树、桃子、柿子、绞藤、绳纹、百吉、古钱、玉璧、如意、云纹、卷珠、搭叶、西番莲、亭台楼阁、文房四宝、琴、棋、书、画、博古，以及充满故事情节的戏曲人物、民间传说等。从苏作家具上看到这些琳琅满目的花纹图案，我们对于苏作家具的装饰艺术不能不叹为观止，无论从审美意义还是从文化蕴含上，它们都会给予我们无限的启示。

和中国山水花鸟画相结合的装饰绘画性纹样同样在家具装饰中表现出了新的意趣。这类纹饰图案在苏作家具中，

图184 家具中的花纹图案

从构图到具体形象的刻画，结合各种工艺手法，处处呈现出浓厚的江南特色，或山水秀丽，或花叶丰腴，大都具有春光明媚、欣欣向荣、花好月圆、如意吉庆的气象。

明清两代是吴地戏曲艺术的黄金时代，戏曲家几乎占全国作家总数的三分之二，创作繁荣，民间的演出活动盛行不衰，许多戏曲故事情节和戏曲人物也都成了苏作家具图案常用的装饰题材，从而使纹样内容更加丰富，形式变化更加富有特色，在构图和表现手法上呈现出独特的面貌。

图185 家具中的装饰题材

苏作家具的装饰纹样，无一不突出图案的吉祥寓意，不仅表现出了强烈的时代性，而且在对古代民族传统纹样的继承和发扬中不断给纹样增添新的含义。到这一阶段，装饰纹样已经发展到"图必有意，意必吉祥"的程度，人们借此歌功颂德，更多是为了寄托美好愿望。

图 186　黄杨双圆结花几

图 187　榉木螭纹三屏榻

图 188　钩子绳纹档花结条桌

图 189　雕灵芝纹扶手椅

图 190　黄花梨玫瑰椅

图 191　圆梗云石屏背扶手椅

图 192　方钩连如意档方机

第六章　苏作家具精品欣赏

家具，作为一种物质文化，是不同民族、不同时代、不同生活方式的反映。苏作家具这一文化现象，与明清社会特定的历史时代，特定的地域环境、自然条件和各种人文因素有着密切的关系。地处吴文化中心的苏州地区，两宋以后，已成为江南重要的政治、经济、文化区域，尤其在经济上，是全国商业最兴旺、交通最发达、城镇最繁华、手工业特别密集的地区。随着社会物质财富的迅速积聚和丰富，人们的生活水平获得了极大的提高，各个阶层对日常居室生活中的各种物品都有了更多的追求，从而促使苏作家具获得了重大的发展。在纤柔灵秀的江南水乡，崇尚怡然自得的民情和风俗，往往使人们的衣食住行更注重个性追求，苏作家具也被浸润在这种氛围之中，并以自己独特的风格，登上了时代的高峰。

家具更是一种艺术，当人们满足了物质需要之后，就会更高地求取精神文化方面的享受。故苏作家具的形制、式样、色调和装饰纹样等与吴地的诗歌、小说、戏曲、书法、绘画、建筑、园林等各类艺术形式一样也都成为江南文人学士们施展才华的领域，他们的爱好、文艺修养和美学主张，直接在苏作家具中被鲜明地凸现出来成为时尚的典范。无论是书斋的文椅和画桌，还是厅堂的几、案、屏、榻，均反映出极其丰富的文化内涵，表现出令人赏心悦目的艺术韵味。我们如果把明清两代的髹饰家具比作中国绘画中五色斑斓的工笔重彩，那么，以硬木为主要用材，运用细木工艺制造的苏作家具，就似淡墨轻染的白描；如果说清代京式家具与广式家具犹如宫廷建筑与西式洋楼，那么，苏作家具就像江南民间的粉墙黛瓦。当然，苏作家具的艺术成就不是用这种简单的比喻所能概括的，但从这里，或许也能体会到它别具一格的艺术价值。它与中国古代艺术史上许多艺术类型一样，已成为中华民族杰出的文化标志。

1. 明代花梨书案

南京博物院珍藏有一张明代老花梨书案。书案采用夹头榫结构，在桌子一腿足的上部，刻有篆书铭文："材美而坚，工朴而妍，假尔为冯（凭），逸我百年。万历乙未元月充庵叟识。"字迹圆浑自然，清新婉约。不仅为今人留下了一件记有确切年代的家具实证，而且四言绝句的款刻也反映了四百多年前江南文人在家具中获得的一种精神体验，是古人对生活的一种情感追求和升华。此案长143

厘米，宽 75 厘米，高 82 厘米。案桌纯素无华，脚料、档料均取用圆材，夹头榫造法，素牙头、素牙板光挺细致，加上面框边侧采用隽永平服的线脚，让人产生一种澄明清雅的心境。淡淡的老花梨和铁力木的色泽，只要临近它就会让人静下心来，若坐在桌边摊开一卷爱读的书或画，一定会使你渐觉尘嚣远遁，进入心旷神怡的境界。

图 193　明代花梨书案

2. 明代周公瑕的坐椅

据《清仪阁杂咏》记载:"(椅)通高三尺二寸,纵一尺三寸,横一尺五寸八分,椅板镌'无事此静坐,一日似两日。若活七十年,便是百四十'。"这椅实物已无从查考,现藏美国博物馆的也只是清代的仿制品,但式样隽美,制造精良,不失为明式家具中文椅的标准风范。

图194 明代周公瑕的坐椅

3. 榉木素直券口玫瑰椅

椅座面宽 57.5 厘米，深 46 厘米，通高 81.5 厘米。

靠背和扶手内均安装平直光素的券口牙条，落在下置短柱的直条横档上。椅座下三面券口牙板正中下垂挖尖，作壶门式。所有牙板盘一道阳线，通体不再做其他任何装饰，单纯简约，干净利落，是传世实物中难得见到的精品，也是玫瑰椅最基本的形制式样。此椅有一对，现经修复后陈列在苏州园林艺圃香竹居。

图 195　榉木素直券口玫瑰椅

4. 老花梨木龟背式扶手椅

椅座面最宽处 78 厘米，深 55 厘米，通高 83 厘米。

这是一张乡土气息浓郁的扶手椅，之所以能给人以如此亲近的感觉，原因是江南类似这种形制的竹椅颇多。其用料多起洼线，或做芝麻梗，或起瓜棱线，亦是为了接近竹器的效果。该椅靠背三段式分割与一般不同，上段比例较大，也颇具个性色彩。椅子腿足间六根踏脚档施平，这种不分高低的做法在明清早期的扶手椅中并不多见。此椅于故宫博物院收藏。

图 196　老花梨木龟背式扶手椅

5. 红木桥梁档小灯挂椅

椅座面宽 47.7 厘米，深 36.3 厘米，座高 46.3 厘米，通高 79 厘米。

此椅形体矮小，靠背板圆形开光内镶瘿木，系后配。整椅用方料，面框、脚柱和脚档均起大倒棱，方正直率。椅面落塘起堆肚，现改作藤面。椅盘四周用桥梁档加矮柱，部位稍微退进，与脚柱不做格肩榫交接，匠师称平肩榫或平头榫。该椅风格简朴，使用便利，民间称作"书房单靠"。制作年代不晚于清乾隆时期。

图 197　红木桥梁档小灯挂椅

6. 老花梨木圆脚橱

橱宽 88 厘米，深 49 厘米，高 131.5 厘米。

此橱侧脚收分，上下差近 3 厘米，橱脚外圆内方。安钩子云头纹牙条。橱内抽屉一对。抽屉上层有搁板一层，分隔成两个空间，下一个空间，共三层，可贮存衣物，江南地区称"衣橱"。橱门的面梃、橱帽侧边浑面和加饰的阳线皆饱满圆顺。虽线脚单纯，但制作到位、工整规范。该橱造型敦厚、大气，是一件相当标准的圆脚橱，无论是形制还是尺度，全系苏作风格。此件衣橱的制作年代不晚于清初。（采于苏州）

图 198 老花梨木圆脚橱

7. 红木屏背插角扶手椅

椅座面宽 50 厘米，深 40 厘米，通高 90 厘米。

扶手椅靠背采用屏背式的做法在苏作家具中并不少见，简单的是在屏背前立两边似站牙的所谓插角扶手。这种插角扶手的变化与勾云纹插角应当是一致的，仅图案式样各有不同。此椅插角扶手称变体夔龙搭叶，可能是草龙尾饰变化的一种形式。屏背因材料和工艺手法的不同，效果也大相径庭。此椅屏框镇板嵌云石，是清代晚期具有代表性的一种，在屏背椅中也最多见，材料以红木为主。

图 199　红木屏背插角扶手椅

8. 红木绞藤式绣墩

墩面径 26.5 厘米，高 45 厘米。

此墩座面采用瘿木装板，落塘起堆肚，北方称"落塘踩鼓"。面框边沿浑圆后起弦纹三道，墩拖线脚引座面一致，下设六足，形似江南湖泊中的水红菱。墩体采用双曲巧料接合，并加饰仿藤扎结组成。整体似藤条编织家具，给人以拙朴自然的气息，是清代绣墩的一种新形式。与圆桌配合陈设，颇感典雅。现藏于苏州园林。

图 200　红木绞藤式绣墩

9. 紫檀鼓腿膨牙条桌

桌长 105 厘米，宽 42 厘米，高 98 厘米。

在明清硬木家具中，条桌采用如此明显鼓腿膨牙的，实属少见。由于腿间不设横档，故腿与面框结构特别讲究。该桌运用束腰的造法和科学合理的榫卯工艺，增进了桌子的平稳感。束腰起洼，线形爽利流畅。牙板轮廓做连弧状，并起阳线如意纹，线形饱满、圆润、滑顺。腿部也作相应的曲线，脚端为内翻马蹄卷云纹。形体在富有装饰性的变化中，显得十分精美。此条桌造型别致，手法新颖，品相好，可称是传世苏作家具中不可多得的艺术瑰宝。条桌共有两件，规格尺寸相同，应是配套成对使用的桌子。

图 201 紫檀鼓腿膨牙条桌

10. 老花梨木带隔层小书案

案面长 67.5 厘米，宽 39 厘米，高 74 厘米。

此案瘿木镶平面，在腿间安档打槽装隔板，形成小案的隔层，是江南地区小书案或小书桌的一种形制式样，也是苏作书案的一种独特形式，小案形体小，使用方便，为了多置书籍等用品，故设计隔层。由于需要与文人朝夕相处，所以设计格外用心，用料讲究、精工细作。明文震亨认为，"书桌中心取阔大，四周镶边，阔仅半寸许"，且腿足要稍矮而细些，如此方为古代规格制式。可惜这类式样的书桌或画桌未见有实物流传下来，有待我们以后去寻觅发现。（发现于苏州吴县）

图 202　老花梨木带隔层小书案

11. 红木镶云石面长书案

桌面长127.5厘米，宽39.7厘米，高85厘米。

小桌边抹与扁腿采用棕角榫造法相接，外形构成条几式样，并以绳结纹系两档牙，增饰脚头变形马蹄起明线卷珠，意在上下呼应。可知此桌的设计是从整体着眼，经过周详的考虑后进行的。此桌将桌短边浑圆后再与长边、腿足相连接，表现出与一般四平式桌子不同的形体式样。扁足直脚至足下挖缺后再雕圆珠纹，显然不如前例做法大气。管脚横档也做勾云纹擢脚绳壁式，系苏作家具后期的程式做法，圆壁两旁各嵌一分心结子。桌面做三镶，三块云石纹理和色彩富有变化。此案长度大于一般琴案，故仍称书案或条案。

图203　红木镶云石面长书案

12. 杞梓木双座玫瑰椅

椅长 109.5 厘米，深 51.7 厘米，通高 96.2 厘米。

所谓双座，即指可供两人一起坐的一种椅子。明式扶手椅中做如此形式的未曾见有第二例。此椅靠背、椅盘皆呈双联状。椅背、椅盘和两侧扶手，均设券口牙子，牙子饰阳线钩回纹。靠背和扶手的牙子下端落在桥梁档横枨上，形成玫瑰椅的最基本式样。桥梁档两端下弯处则直接与椅盘贴近，中间高起处透亮，表现出与一般玫瑰椅横枨下嵌结子或矮柱的不同做法，其造法更为简练。椅盘下的牙子端头落在踏脚档上，档下又有桥梁档牙条，上下呼应，协

图 204　杞梓木双座玫瑰椅

调统一。双座玫瑰椅造型简洁明快，隽秀大方，用材合理，工艺精良，处处以典型的明式造法为准则，是一件非常独特而且罕见的珍品。

13. 紫檀木圈椅

椅座面宽 59.5 厘米，深 46.2 厘米，座高 51 厘米，通

图 205　紫檀木圈椅

高95.5厘米。

此椅座面硬板落塘,座面以下四面均设桥梁档嵌短柱。步步高式管脚档,靠背独板,不加任何纹饰。这是一件通体光素无华,全凭借其"材美和工巧"来展示自身高雅品质的作品。椅盘前下设的桥梁档曲度较大,也显得特别有韧性,与椅圈在变化中有着协律感,皆能给人以刚柔相济之美。结合上例,且可证"苏作"之取材时该大则大,该小则小,并无一味"用材吝惜"之嫌。此圈椅做工精到,一丝不苟,用料匀称,尺度规矩,虽制作年代已在清式盛行时,但不受"清风"诱惑,始终保持着"明式"传统的艺术风范,是一件不多见的清乾隆时期的苏作紫檀木家具的优秀佳作。(常州私人收藏)

14. 老花梨木无联帮棍扶手不出头圈椅

椅座面宽59厘米,深45.5厘米,座高48厘米,通高88厘米。

圈椅是苏式扶手椅中常见的品种之一。在形制上,椅圈也有扶手出头和不出头之分,又有安置或不安置联帮棍的区别。此椅扶手不出头,无联帮棍,且鹅脖与前足一木连做。座面下施桥梁档加矮柱,靠背板系朝板式,全体光素。由于用材精美,突出了"文木"的肌理美。该圈椅早已流失国外,由古斯塔夫·艾克收录在《中国花梨家具图考》之85例。这样的优秀之作,国内已属少见。

东方文化符号

图 206　老花梨木无联帮棍扶手不出头圈椅

15. 红木双洼线棋桌

桌面 75 厘米见方，高 83 厘米。

棋桌桌面为活动形式，用时可以揭开，揭开后便是可以翻动的双面棋盘。棋盘桌面用板镶平台，对角各设一方孔棋子盒，棋盘下还有藏室可供使用。该桌桌面用料都起双洼线，横竖材格角榫相接，工艺精到周密。棋盘面边抹

图 207　红木双洼线棋桌

图 208　红木双注线棋桌

与腿足棕角榫接合，是一种四面平式的做法。每面由短柱和折角桥梁档区分成两竖三横的空间，中间设置抽屉，其他装板、板面起堆肚，雕卷珠线纹和小花纹围案。棋桌是一种具有专用功能的桌子，大多精心设计，精工细做。

16. 花梨木鼓腿抛牙大圆台

台面直径 130 厘米，高 88 厘米。

圆台鼓腿抛牙三弯足。腿足上方下圆，民间俗称"牛

图209 花梨木鼓腿抛牙大圆台

腿脚",脚头立雕云纹卷珠,垫扁圆珠落地。抛牙实底浮雕灵芝纹,高束腰分段盘阳线炮仗筒,叠刹线脚与冰盘沿呼应。

这是清代晚期大圆台代表性的式样。

17. 红木笔梗椅

椅面长48.5厘米,宽40厘米,座高47.2厘米,通高93厘米。

椅子以桥梁式的搭脑做后倾,故靠背的六根圆梗与椅腿至上端均做后弯势。搭脑与后腿套榫连接。椅盘藤屉,椅子面框边沿竹爿浑双边线。踏脚档下设层式角牙。该靠背椅形体单纯,疏密有致,给人以简洁隽永的美感。这种靠背作圆杆的靠背椅,在北方称为"一统碑梳背椅",江南称为"笔梗椅"。此款式与木作工艺均属苏作家具在清中晚期的做法。

图 210 红木笔梗椅

18. 紫檀木透雕双龙纹画案

案面长 140.5 厘米，宽 62.6 厘米，高 82.4 厘米。

此案的特点是在形体上加强了装饰变化，案面抛头四角垂柱装搭叶，两端安置透空花板的牙条，构成一种新的形式，对后世的琴桌具有启发意义。腿足分段作凹凸柱，改变了自明以来或圆或方直脚或三弯脚等式样，增加了造型的厚重感。两足间牙条起阳线卷云纹，具有鲜明的时代特征。腿足的上下横档之间雕刻的降龙垂云头图案，保持着突出的明风。这一珍贵的画案，为我们提供了苏式家具随历史进程不断衍化的研究实例。整个画案全都采用优质紫檀木，木工工艺精湛、雕刻工艺精到，装饰凝重而不繁

图 211　紫檀木透雕双龙纹画案

图 212　紫檀木透雕双龙纹画案

复，纹饰华丽而不杂芜，是清代中期紫檀木家具中一件富有个性特色的代表作品。（苏州园林收藏）

19. 红木圆梗有束腰花几

几面 26.5 厘米见方，高 92 厘米。

此几直脚圆梗，几面框边竹爿浑，顶面做镶平面，束腰起洼线。拱形桥梁档两端圆钩拱背处紧贴牙板。管脚档也用桥梁式，脚头挖缺。造型圆润素洁，能给人以秀美的感受，是清代花几的一种常见形式。

图 213　红木圆梗有束腰花几

20. 老花梨木草龙万寿纹围屏榻

此榻三屏，均取厚板，沿边刻一周框档。框内平底雕草龙、圆寿字和海牙高山组成适合的图案，风格类似明代的雕漆，具有鲜明的时代特征。榻身光素，马蹄腿线形挺拔有力，榻身座面沿边和牙板腿足的阳线通过对比，表现得特别清晰而富有生气。此榻造型宏阔大气，装饰疏密有致，是一件品质极高的艺术珍品，制作年代不会晚于明末。

图 214　老花梨木草龙万寿纹围屏榻

21. 红木镶云石方圆景七屏式围榻

榻面长 201.5 厘米，宽 92.7 厘米，座高 52.5 厘米，通高 119 厘米。

此榻大挖马蹄，脚下填圆台形扁足，使体形硕大的卧榻有一种凌空不凡的感觉。两侧屏风连做，依势相隔，每屏作虚镶，中屏圆景最高，其他各屏方景渐低。镶入的云石皆纹理自然，色泽澄莹，气象生动，为大榻平添无限风光。虽是清代中期前后的作品，但仍可看出苏作家具造榻的别具匠心。

图 215　红木镶云石方圆景七屏式围榻

22. 红木双圆钩桥梁档方杌

杌面 56 厘米见方，高 50 厘米。

方杌面框冰盘沿平线浑角压大倒棱，束腰起洼线，叠刹与牙板一木连做。方料浑面直脚，方脚头做平。桥梁档两端圆钩，江南民间俗称为"狗尾巴"，桥梁拱起紧贴牙板。此杌别无任何虚饰，形象浑然一体，造型敦厚大方，是清代中晚期具有代表性的坐墩式样。

图 216　红木双圆钩桥梁档方机

23. 老花梨木无联帮棍圆梗直搭脑四出头扶手椅

椅座面宽 55 厘米，深 47 厘米，通高 108.7 厘米。

椅子的搭脑、扶手、鹅脖、脚档都采用圆梗直料，且用材细巧。高耸的靠背，背板微微作弯。由于鹅脖退进，笔直并稍稍做低的扶手也就显得格外别致，形体的格调和

趣味不同一般。该椅做工讲究，是无联帮棍四出头扶手椅的又一式样，制作年代为清代初期。（清华大学美术学院院藏）

图 217　老花梨木无联帮棍圆梗直搭脑四出头扶手椅

24. 杞梓木无联帮棍四出头扶手椅

椅座面宽 57.3 厘米，深 45.7 厘米，座高 48 厘米，通高 104.5 厘米。

四出头扶手椅的鹅脖与前足不一木连做，退后另立，不安联帮棍。这种造法是明代早就出现的形式。此椅是一件相当标准的苏作形制，搭脑和扶手四出头处均做成光滑圆顺的"鳝鱼头"，靠背采用三段式隔堂。椅座落塘藤面，座下素直券口牙条盘阳线，披势包脚踏脚档下装三折式插角牙，都具有明显的特征。此椅各部分比例匀称，用料尺度合理，制作工艺规范，四件成堂。虽已是清代早期的产品，但与明代形制一脉相承。

图 218　杞梓木无联帮棍四出头扶手椅

25. 红木嵌大理石太师椅

椅座面宽 67 厘米，深 51.3 厘米，通高 93 厘米。

此椅构造的特点表现为搭脑两端下弯，端头雕云头如意纹。靠背三隔堂，上、中段装饰大理石，下段剜花饰亮脚，背板两边兜接对称式回钩的后背。扶手做钩子头。椅面镶大理石板心，框档均起圆角，工艺规范。束腰凹凸线，凸线起洼，形成双阳线，是清代线脚的常见形式。清代中期以后，江南地区类似的太师椅不少，该椅应属良工良材的优质作品。

图 219　红木嵌大理石太师椅

第七章　家具的鉴赏与收藏

家具的品赏，是对某一件家具进行品质或艺术上的评价，或者说是对家具审美价值的分析研究。而鉴别是对一件家具的材质、制作年代和地区以及艺术风格作出判别，如认定其是属于"明式"还是"清式"，或者是哪个时期、哪类品种、什么产地等。

品赏和鉴别，往往互相关联，所谓"知其善与美，识得真与伪"，因此，人们总是将品赏和鉴别统称为鉴赏。在具体的鉴赏活动中，由于涉及到诸多方面，如材料、加工工艺的知识，个人的爱好和情趣欣赏审美的能力，评价的基本尺度等，都会直接影响到鉴赏的结论，因此不可避免地会产生各种意见分歧。

家具的品种，往往和年代有密切关系。有的品种出现的时代较早，以后可能不复流行，除非后代有意仿制，否则其制成年代就不应晚于流行年代；有的品种出现时代较晚，其制作的年代就不可能很早。

家具的造型也是这样。搭脑两端出头、扶手两端不出头的扶手椅，以及搭脑两端不出头、扶手两端出头的扶手椅，都是明式家具扶手椅中出现较早的造型式样，制作年代就不会是清代中晚期。

家具上的装饰纹样，也是鉴定家具年代的重要依据之一。在各个不同的历史时期，装饰花纹都具有比较鲜明的时代特征，并且家具上的花纹与其他工艺品的图案花纹总是相互联系的，经参照对比，其他工艺品已知确切年代的，就可以反过来帮助家具作断代。如明式家具上常见的云纹、如意纹、卷草纹、荷莲纹、牡丹纹、龙纹、凤纹、麒麟纹等，也是明清时期各类工艺品上应用较多的装饰纹样，且在不同阶段又有不同的特点。因此，只要结合木雕工艺的特定形式研究，善于识别，那么对明式家具的鉴定是很有帮助的，特别是明清建筑的装饰纹样，往往与家具装饰花纹在内容和形式上更有共同之处，可供鉴定对比参考。

当然，品种也好，花纹图案也好，包括工艺、构造和造型等，都只是各个时代自己的特征或特定的标记、符号，我们都可以作为鉴定家具制造年代或产地的参考信息。但在实际鉴赏活动中，依旧会遇到各种各样的困难。

对明式家具或其他各种家具的鉴定，最基本的方法还是在比较上。没有比较就没有鉴别，通过比较、分析，由表及里，去伪存真，家具制造年代的早晚，品质的优劣，自会获得正确的结论。

许多明清绘画或书籍插图中从造型到结构无不刻划精细、写实生动，所描绘的生活环境和家具造型，可以与传统家具进行对照比较，作为鉴定的依据。还有，经过发掘出土的明清家具模型以及宋代和元代的家具实物，都是十分重要的资料，比采用不知确切年代的明式家具作比较更有成效。对于建筑和其他有确切年代的同期工艺美术品，也应该加以学习研究。

运用各种鉴定方法和手段的同时，要充分发挥鉴定者的主体作用。任何艺术的鉴赏，都离不开人的接受能力和创造能力，人们往往利用自己的感知和悟性，凭借知觉的方法进行直接的判断。好的明式家具，所蕴含的文人气或书卷气，常常会与鉴定者产生共鸣，如果缺乏这种感受力和反应能力，也就不能与明式家具的特殊的文化气质相沟通，感受不到明式家具的神韵。

对于稍有残破的明式家具或有收藏价值的其他旧家具，许多鉴赏家和收藏家都提倡"修旧如旧"的原则。古旧式家具无论是完整的，还是破旧的，一般都可加以清洗和修补，只要不是翻旧做新，绝不会伤其元气。如修旧过头，就很容易同市场上翻新的家具相混淆，真真假假，造成混乱。将古旧明式家具着色、揩漆、抛光，往往会使其原有的色泽、品位受到损害，甚至面貌全非，给人作假的感觉。故而"能不修的就不修，能不动的就不动"。

民间明式家具的收藏，一般有这些情况：一是有兴趣，二是有能力，三是有机遇。兴趣首先来自爱好，对明式家具不热爱，不喜欢，当然就不可能产生兴趣，更不可能慷慨解囊而乐此不疲。许多爱好者，常常把收藏看作是一种自身的需要，当能满足这种需要时，就会激发出很大的热情。如果只是为了一定的利益，常常会买进卖出，最后什么东西都没能"收藏"下来。有能力，也就是指具备一定的社会条件、专业知识、各方面的修养及一定的经济基础。一些偶然的因素促使自己乐于此道，进而全身心投入，终身为伍。这样的收藏家，国内外也不乏其人。明清家具近十几年来，始终处于收藏热潮中，而且由于明清家具本身的艺术价值，已使其跻身于世界级重要文物之林。总之，在世界范围内掀起的一股明式家具收藏热，至今方兴未艾。它充分反映了中国明式家具在世界文化史上的重要地位，体现了中华民族优秀传统文化的生机与活力。

后 记

今天所展现的众多苏作家具中，有代表明式家具精华的，也有反映清代家具类型的。在所有的家具流派中，唯有苏作家具能如此自始至终地体现中国传统家具的最高水平，成为一个独立完整的体系。苏作家具无愧是中国传统家具黄金时期独领天下风骚的杰出典范，是中华民族优秀文化的一份宝贵遗产。如此厚重的遗产中蕴藏着中华民族的无限智慧和精神，撰写此册子也只能窥视宝库的冰山一角，希望读者能通过此册子了解到苏作家具物质文化与艺术表现的博大精深。